职业本科机械类专业课程体系设计研究

赵　峰　陈丹萍　王月雷◎著

吉林出版集团股份有限公司

图书在版编目（CIP）数据

职业本科机械类专业课程体系设计研究 / 赵峰，陈丹萍，王月雷著. — 长春：吉林出版集团股份有限公司，2023.10

ISBN 978-7-5731-4383-9

Ⅰ. ①职… Ⅱ. ①赵… ②陈… ③王… Ⅲ. ①高等学校—机械工程—课程体系—课程设计—研究 Ⅳ. ①TH

中国国家版本馆CIP数据核字（2023）第191528号

职业本科机械类专业课程体系设计研究
ZHIYE BENKE JIXIE LEI ZHUANYE KECHENG TIXI SHEJI YANJIU

著　　者	赵　峰　陈丹萍　王月雷	
出版策划	崔文辉	
责任编辑	王　媛	
封面设计	文　一	
出　　版	吉林出版集团股份有限公司	
	（长春市福祉大路5788号，邮政编码：130118）	
发　　行	吉林出版集团译文图书经营有限公司	
	（http://shop34896900.taobao.com）	
电　　话	总编办：0431-81629909　营销部：0431-81629880/81629900	
印　　刷	廊坊市广阳区九洲印刷厂	
开　　本	787mm×1092mm　　1/16	
字　　数	220千字	
印　　张	13	
版　　次	2023年10月第1版	
印　　次	2024年1月第1次印刷	
书　　号	ISBN 978-7-5731-4383-9	
定　　价	78.00元	

如发现印装质量问题，影响阅读，请与印刷厂联系调换。电话 0316-2803040

前　言

职业本科院校与传统大学相比更专注于职业教育，同时，也必须在职业教育和现代大学的合流中保持本科教育的竞争优势，从而让选择本科职业教育的学生和家长感到物有所值，甚至物超所值。而要实现这些目标，就必须对职业本科院校的职能有清晰的认识并付诸实践。

本书以机械类专业为例，主要围绕职业本科的课程体系设计展开分析。首先，分析了职业教育的相关内容，包括职业教育的内涵、结构与体系，职业教育与经济发展，数字经济时代下的职业教育，高等职业教育及其管理；其次，提出职业本科的设置问题，包括职业本科机械类专业的人才培养，职业本科机械类专业核心课程、理论与实践课程、实践平台的设置，并结合不同的教学理念展开不同方向的课程设置讨论。

本书从宏观角度入手，逐步深入，逐步细化，既帮助学习者了解了职业教育、职业本科等宏观角度的问题，又对具体的机械类专业课程设置与构建进行了深入分析。本书将理论与实践相结合，具有较强的实用性，是值得学习者学习与研究的一本著作。

本书在写作过程中参考了许多相关的学术著作与论文，在此向其作者表示由衷感谢。同时，由于时间、精力等种种原因，本书还存在许多不足，对此希望读者能够提出宝贵的意见。

目　录

第一章　职业教育发展与纵深化要求 ……………………………………… 1

 第一节　职业教育的内涵分析 …………………………………………… 1

 第二节　职业教育的结构和体系 ………………………………………… 5

 第三节　职业教育与经济发展 …………………………………………… 13

 第四节　数字经济时代下的职业教育 …………………………………… 47

 第五节　高等职业教育及其管理 ………………………………………… 74

第二章　职业本科与发展思考 …………………………………………… 103

 第一节　职业本科的内涵阐释 …………………………………………… 103

 第二节　职业本科院校及其教育实践 …………………………………… 109

 第三节　本科院校职业化转型的专业改造 ……………………………… 119

 第四节　"本科职业教育"和"应用型本科教育"的对比 …………… 133

第三章　职业本科机械类专业的人才培养 ……………………………… 137

 第一节　职业本科机械类人才培养的定位与转型 ……………………… 137

 第二节　职业本科机械类专业核心职业能力的培养 …………………… 142

 第三节　职业本科机械类专业人才培养模式改革 ……………………… 156

第四章　职业本科机械类课程体系的设置 ……………………………… 158

 第一节　职业本科专业核心课程设置 …………………………………… 158

 第二节　职业本科理论课程与实践课程设置 …………………………… 163

 第三节　职业本科创新实践平台搭建 …………………………………… 166

第五章　职业本科机械类课程体系的构建 ……………………………… 168

 第一节　教学团队创建与发展 …………………………………………… 168

第二节 高职本科衔接课程体系的构建 ····················· 170

第三节 综合性实践教学体系的改革 ······················· 172

第四节 "以赛促学"融入课程建设 ························ 175

第五节 校企合作机制及其实施 ··························· 177

第六章 多维背景下职业本科机械类专业课程体系的构建 ············ 180

第一节 基于 CDIO 理念职业本科机械类专业课程体系的构建 ········ 180

第二节 面向工业 4.0 需求的职业本科机械类专业课程体系构建 ······· 185

第三节 智能制造背景下职业本科机械制造专业课程体系的构建 ·········· 189

参考文献 ··· 195

第一章 职业教育发展与纵深化要求

第一节 职业教育的内涵分析

一、职业教育教学目标

教学目标是教学活动实施的方向和预期达成的目标，是一切教学活动的出发点和归宿，更是教学价值的具体体现。因此，对职业教育教学目标的研究，应从职业教育教学目标的价值取向入手，提出职业教育教学目标及其结构。职业教育教学的价值虽然在满足个体发展和社会发展的需要方面仍然发挥着重要作用，但在满足职业发展需要方面的作用更加显现。因此，职业教育教学目标的价值取决于个体发展、社会发展和职业发展的需要。

（一）个体发展的需要

在学生个体发展需要方面，职业教育教学目标的价值具体体现在学生个体发展的方向和水平上。长期以来，在教学目标的研究和使用上，人们一直十分关注学生个体发展的水平，忽视学生个体发展的方向，而学生个体发展的方向往往比学生个体发展的水平更重要。

20世纪80年代，美国著名发展心理学家、哈佛大学教授霍华德·加德纳博士在他提出的多元智能理论中指出，人类的智能是多元的而非单一的，主要由语言智能、数学逻辑智能、空间智能、身体运动智能、音乐智能、人际智能、自我认知智能、自然认知智能组成，而每个人都拥有不同的智能优势组合。

第一，语言文字智能（Verbal/Linguisticintelligence）。这是指有效运用口头语言或文字表达自己的思想并理解他人，灵活掌握语音、语义、语法，具备用言语思维、用言语表达和欣赏语言深层内涵的能力结合在一起并运用自如的能力。具有语言文字智能的人适合的职业主要有政治活动家、主持人、律师、演说家、编辑、作家、记者、教师等。

第二，数学逻辑智能（Logical/mathematicalintelligence）。这是指有效计算、测量、推理、归纳、分类，并进行复杂数学运算的能力。这项智能包括对逻辑的方式和关系、陈述和主张、功能及其他相关的抽象概念的敏感性。具有数学逻辑高智能的人适合的职业主要有科学家、会计师、统计学家、工程师、电脑软件研发人员等。

第三，视觉空间智能（Visual/Spatialintelligence）。这是指准确感知视觉空间及周围一切事物，并且能把所感觉到的形象以图画的形式表现出来的能力。这项智能对色彩、线条、形状、形式、空间关系很敏感。具有视觉空间智能的人适合的职业主要有室内设计师、建筑师、摄影师、画家、飞行员等。

第四，身体运动智能（Bodily/Kinestheticintelligence）。这是指善于运用整个身体来表达思想和情感、灵巧地运用双手制作或操作物体的能力。这项智能包括特殊的身体技巧，如平衡、协调、敏捷、力量、弹性和速度及由触觉所引起的能力。具有身体运动智能的人适合的职业主要有运动员、演员、舞蹈家、外科医生、宝石匠、机械师等。

第五，音乐旋律智能（Musical/Rhythmicintelligence）。这是指人能够敏锐地感知音调、旋律、节奏、音色等能力。这项智能对节奏、音调、旋律或音色的敏感性强，与生俱来就拥有音乐的天赋，具有较高的表演、创作及思考音乐的能力。具有音乐旋律智能的人适合的职业主要有歌唱家、作曲家、指挥家、音乐评论家、调琴师等。

第六，人际关系智能（Interpersonalintelligence）。这是指能很好地理解别人和与人交往的能力。这项智能善于察觉他人的情绪、情感，体会他人的感觉感受，辨别不同人际关系的暗示及对这些暗示做出适当反应的能力。具有人际关系智能的人适合的职业主要有政治家、外交家、领导者、心理咨询师、公关人员、推销等。

第七，自我认知智能（Intrapersonalintelligence）。这是指自我认识和善于自知之明并据此做出适当行为的能力。这项智能能够认识自己的长处和短处，意识到自己的内在爱好、情绪、意向、脾气和自尊，喜欢独立思考的能力。具有自我认知智能的人适合的职业主要有哲学家、政治家、思想家、心理学家等。

第八，自然认知智能（Naturalistintelligence）。这是指善于观察自然界中的各种事物，对物体进行辩论和分类的能力。这项智能有着强烈的好奇心和求知欲，有着敏锐的观察能力，能了解各种事物的细微差别。具有自然认知智能的人适合的职业是天文学家、生物学家、地质学家、考古学家、环境设计师等。

多元智能理论为学生个体发展方向的选择提供了科学依据。尽管职业教育是培养技能型人才的教育类型，但是技能型人才的职业发展方向也取决于个体的智能结构。因此，职业教育教学目标体现学生个体发展的需要，就需要依据不同学生不同的优质潜能确定发展方向和发展水平。

（二）社会发展的需求

在社会发展的需要方面，职业教育教学目标的价值不但要体现在学生适应社会发展上，还要体现在承担起推动社会发展责任上。当今社会，政治上民主进程加快、经济上知识经济已见端倪、文化上以人为本、科学技术上空前发展等，都对学生个体的发展提出了较高要求。

职业教育是与经济社会发展最密切一种教育类型。以高新技术产业为支柱的知识经济时代的到来，对接受职业教育的学生个体提出了更高要求。知识经济时代以创新为灵魂，以资产投入无形化、经济发展可持续化、世界经济一体化、价值取向智力化、学习终身化、市场竞争合作化、低碳环保绿色为主要特征，对劳动者的素质、就业方式和职业生涯发展等都提出了新的要求。因此，职业教育教学目标关注社会发展的需要，就需要注重对学生民主意识、创新能力、绿色理念的培养。

（三）职业发展需求

在职业发展的需要方面，职业教育教学目标的价值不仅要体现在越来越高的职业特质上，还体现在职业迁移能力上。长期以来，职业发展存在两大趋势。一是各类职业对其从事者的职业特质要求越来越高。以高技术含量、高附加值、强竞争力为特征的高端制造业对技能型人才技术特质的要求、以个性化服务为理念向社会提供高附加值的生产服务和生活服务的现代服务业对技能型人才服务特质的要求，以及现代文化艺术产业对技能型人才文化艺术特质的要求，都是前所未有的。二是新职业出现和旧职业消失速度在不断加快。职业是社会分工的结果，是人类社会生产和社会生活进步的标志。随着经济和社会的不断发展、科学技术的突飞猛进，职业的数量、种类、结构、要求都在不断地发生着变化。这种职业发展趋势加速了个人职业的变化，对个人的职业迁移能力提出更高的要求。

二、职业教育教学内容

为了实现职业教育的教学目标，需要选择合适的职业教育教学内容，并加以科学组织，形成各种课程。因此，对职业教育教学内容的研究，需要解决职业教育教学内容的选择问题。

教学内容的选择是为了教学目标的实现。为此，职业教育教学内容的选择应依据职业教育的教学目标进行。

（一）职业教育教学内容的范围

人的成长，依靠直接经验和间接经验。直接经验是指亲身参加实践而获得的经验；间接经验是从别人，甚至可以说是从人类积累的那些经验里获得的经验。在接受教育期间，人的成长主要依靠间接经验。因此教学内容的选择，是从人类间接经验中，选择适合学生学习特征和学生成长需要的经验。因此，从人类教育教学实践分析，教学内容的选择取向主要分为道德主义取向、百科全书取向、形式训练取向、唯科学取向、经验取向和社会取向。

职业教育是培养技术技能型人才的教育类型，这种类型的人才需要的人类积累的经验是以理论知识体系、技术方法体系和职业活动体系存在着，因此，职业教育教学内容应从理论知识体系、技术方法体系和职业活动体系中进行选择。

（二）职业教育教学内容的选择

从理论知识体系、技术方法体系和职业活动体系中进行选择职业教育教学内容，选择的方法也因不同体系的特点的不同而不同。

第一，理论知识选择的方法。对照职业能力目标，分析相关学科理论知识与职业能力目标的关系。选择学科理论知识时，追求的是学生对知识整体框架的把握，不追求学生只掌握某些局部内容，而求其深度和难度；强调这门学科及其各部分理论知识的用途，不强调这门学科及其各部分理论的学术研究。

第二，技术／方法的选择。对照职业能力目标，分析相关技术／方法与职业能力目标的关系。选择技术／方法时，注重让学生了解这种技术的产生与演变过程，培养学生的技术创新意识；注重让学生把握这种技术的整体框架，培养学生对新技术的学习能力；注重让学生在技术应用过程中掌握这种技术的操作，培养学生的技术应用能力；注重让学生区别同种用途的其他技术的特点，培养学生职业活动过程中的技术比较与选择能力。

第三，典型任务选择的方法。对照职业能力目标，分析学校和企业可能提供的教学条件，选择典型任务，作为职业教育教学的内容。选择职业活动时，要注重所选择的任务具有典型性和趣味性，并要难易适度。典型性是指所选择的职业活动是学生毕业后从事职业活动时经常遇到的、具有代表性的活动；趣味性是指符合学生的心理特点、足以引起学生学习的兴趣，使学生不仅好学而且乐学；难易适度是指所选择的职业活动与学生的能力相适应。

第二节　职业教育的结构和体系

一、职业教育的结构

（一）职业教育结构的特点

第一，稳定性。就职业教育结构本身而言，其基本要素不会经常发生变化，内在发展具有相对稳定性。职业教育结构从宏观上说，一般由体制结构、层次结构、形式结构、布局结构、专业结构等要素构成。不论教育制度如何变化，不论职业教育以何种速度发展，都离不开这些基本要素。正是这些构成要素的相对稳定性，决定了职业教育特定的质和量的规定性，形成了职业教育特有的办学功能。

第二，层次性。职业教育结构与其他任何事物的结构一样，具有明显的层次性特点。按照性质划分，职业教育可分为宏观层次结构、中观层次结构、微观层次结构。按照结构的功能划分，职业教育可分为表层结构和深层结构。

第三，开放性。高等职业教育结构是教育结构中的重要组成部分，而且与社会、经济发展，特别是地方经济的发展联系非常密切。所以，职业教育结构是置于社会、经济发展的大环境中运行的，具有高度的开放性特点。也就是说，开放渠道越畅通，教育结构中的要素就越活跃，要素内外碰撞的机会就越多，在动态变化中与社会、经济系统的交流就越广泛，职业教育的适应性就越强。

（二）职业教育结构的影响因素

1. 经济全球化对职业教育结构的影响

目前经济全球化的趋势加速，对职业教育的影响是巨大的。职业教育将从地区、国家走向国际化，同时，要调整结构、扩大规模和提高质量以应对国际经济的激烈竞争。新的全球经济环境要求进一步调整职业教育的方向，使之能够更灵活地适应学生、职工和雇主的要求。从终身教育和可持续发展的观念出发，职业教育将向"发展需求驱动型"转化。

2. 市场经济对职业教育结构的影响

（1）人才市场。市场是商品经济的产物，市场存在的前提是商品交换，商品的产生源于社会分工，职业的产生也是由于社会分工，所以，职业教育与商品生产有着天然的联系。职业教育决定于社会分工、服务于社会分工，同时又是促进社会分工和深化社会分工的有力手段。职业教育是一种规范性的定向教育，只有劳动力的所有权和职业资格是明晰的，劳动者才能顺利进入劳务市场。职业教育起着稳定分工、培养各行各业所需人才的作用。同时，在分工深化，新行业、新职业出现时，职业教育也具有前瞻和先导的作用。

（2）职业教育市场。当劳动力、技术、信息等都作为生产要素进入市场后，就形成了职业教育市场。在职业教育市场中，市场机制对职业教育的调节作用，主要是通过劳动力市场来进行。劳动力市场的需求决定着职业教育的层次、类型、专业、布局和规模。职业教育产品的价格由市场竞争来调节，通过市场调节可以优化教育资源的配置，提高教育资源的利用率，增强办学效益，实现利益激励和优胜劣汰的功能。国家和政府必须对职业教育进行宏观调控，对国家需要的艰苦专业给予政策上的扶持；对处于不利地位的人群，如妇女、残疾人、失业者、低收入者等给予政策上的扶助，以保障公民的受教育权。

3. 市场运作对职业教育结构的影响

根据资本运营理论，投入职业学校的每一种资金包括资金、教师、土地、设备等都是资本。按照市场经济资本运营的方式，学校的全部资源都可以价值化或证券化。可以通过学校资本的流动来优化学校的资本结构，也可以通过对现有资产的重组，盘活闲置或效益不高的资产，提高办学效益。股份制的学校运作方式目前也正在试验中。

4. 知识经济对职业教育结构的影响

知识过去更多地被理解为科学理论、书本知识，而知识经济是建立在知识和信息的生产、分配和使用（消费）上。在知识经济条件下，知识产业作为主导产业，更注重的是知识的应用。实践经验所获得的知识，应用知识解决问题的能力就提到了重要地位。所以，20世纪70年代，从北美兴起的以能力为基础的职业教育，迅速在国际上达成了共识。

知识经济使知识的作用和地位发生了变化。知识生产力已成为生产力、竞争力和经济成败的关键。为了培养知识型、创新型和复合型的人才，必须改革传统的实用性训练的职业教育，要加强基础、普职沟通、提高层次、完善体系。随着工作与学习的界限越来越模糊，通过工作进行教育将成为职业教育的重要手段。

5. 技术革命对职业教育结构的影响

新技术革命源于20世纪30—40年代的理论突破，在50—60年代得到初步发展，70年代后期开始蓬勃发展，到80年代中期已成推动全球之势。

新技术革命的成果将被大规模地转化成新的生产主力。新技术革新使各国越来越清楚地认识到，高新技术的发展，将决定21世纪自己在世界上的位置。知识及其有效的使用对国家的繁荣是至关重要的。发展高新技术必然要发展高等教育，包括高等职业教育；同时，也必须有大量中初级的技术人才，使高中初级的技术人才保持一个合理的比例，才能使社会的劳动人口形成一个知识结构合理的高效率的智力群体。

技术革新直接推动各行各业的发展与变化，推动社会的进步和需求、消费的变化，行业技术的发展和行业职能的变化，直接要求职教创新。

教育的重要功能之一是传递信息，可以说有什么样的传播工具就会有什么样的教育方式。现代信息技术，特别是计算机的使用，使信息可以实现零距离、零时差的交互传播，信息源获取的丰富性和便捷程度是以往的传播手段所无法比拟的。教材将突破目前平面的、静态的书本形式，成为多种媒体、声像具备、能反映事物内部结构和连续变化过程的动态形式。多媒体和交互技术为个性化教育提供了可能性。这必然引起教育观念、教育组织、教育内容、教育模式、教育技术、教育环境及学习方式的深刻变革。职业教育也将走向信息化、网络化，通过建设教学信息库、网上课件、计算机辅助教学、模拟教学、远程教学等，实现一种开放、共享、个性化、动态化，相互协作、无限交互的职业教育教学体系。

6.终身教育观念对职业教育结构的影响

人一生的教育涉及因素包括教育结构、课程内容、作用与地位、在各年龄段（童年期、青春期、成人期和老年期）的各种教育。将教育贯穿于人的一生与人的发展各个阶段，必须为基础训练提出新的目标，必须制定、保持和发展符合个人利益、也符合集体利益的终身教育体系，推动教育的连贯性与完整性。

现代社会各行各业所需要的是一种同一类型的人，因而，也就需要一种新型的教育。今天，每个人都必须接受训练，以应对现代世界实际的、具体的任务，其中，首先和最重要的是经济的和技术的任务。教育的功能为学习者提供了最大的动力。

二、职业教育的体系

（一）职业教育体系的内涵阐释

职业教育体系是整个教育体系的一个重要组成部分，是教育系统的一个子系统，是各级各类职业教育的结构体系，它主要包括职业教育的层次体系、类别体系、专业体系、布局体系、办学体系。[1] 因此，"现代职业教育体系"就应是"体系完整"，"结构合理，教育机会相对公平，与地方经济发展紧密结合，与各级各类教育相互衔接，正规教育与职业培训相互沟通，学历本位

[1] 欧阳育良，戴春桃.论我国现代职业教育体系的构建[J].职业技术教育.2004（1）.

与职业能力本位并重，学校职业教育与社区教育结合的开放型体系"。总的来说，这种从概念到概念的演绎方式有一定的可取之处，但其基本上还是就教育论教育和静态的研究视野。

（二）职业教育体系的积极作用

我们对现代职业教育体系内涵的分析，让我们进一步了解现代职业教育体系，建设现代职业教育体系，推进产教融合、校企合作。牢牢把握服务发展、促进就业的办学方向，体现了国家对职业教育工作的高度重视和关怀。

我国经过持续快速发展，需要在继续发挥后发优势的基础上，创造自己在新时期新阶段的先发优势，依靠科技创新打造竞争新优势，从而提升自身在国际产业价值链中的位置。我国当下正在推行的创新驱动发展战略，对劳动力的整体素质、人才结构都提出很高要求，劳动力的升级提质也需要与国家整体战略去进行同步调整、与之匹配，而职业教育作为培养人力资源开发的重要组成部分，对此责无旁贷。

1. 建设现代职业教育体系，保障社会稳定

我国职业教育得到持续快速发展，在促进社会公平、改善民生、维护稳定方面发挥了重要作用。职业教育作为面向人人的教育，为很多有志于走技术技能成才道路的青年学生提供了实现自己理想、顺利融入社会的机会和可能。

国家政策的支持为广大普通民众提供了较为适合对路的公共服务，为切实减轻群众负担、普通家庭子女通过职业教育实现社会流动创造了较为公平的机会和条件。今后还需要政府继续以促进公平公正为目的，发挥政府保基本、促公平的重要作用，为来自基层群众的子女提供更多更好公平地接受职业教育的学习机会，享有同等的接受职业教育的权利，在同等的社会规则面前进行公平竞争。同时，政府需要继续加强对城乡间职教资源的统一调配，对地区之间进行相互帮扶，确保职业教育在解决"零就业"家庭中持续不断地发挥重要作用。这样很多接受职业教育的学生能够承载着很好的希望去积极进取，人心思稳、人心思进，对未来有着更为理想的期许，增加对社会发展目标的政治认同度，促进社会的和谐发展。这样，职业教育就会起到很好的社会稳定器的作用。

促进人的发展是教育的第一价值，职业教育的发展使整个教育的第一价

值得到提升。在职业教育的诸多价值中，经济价值是外在的、表层的，社会价值是中间层的、核心的价值，而人的价值才是最为本原性的、最根本的价值。

教育作为改变个人命运最重要的手段，在发挥其重要作用的过程中，需要秉持好公平原则。通过对教育资源进行合理配置，既符合社会发展和稳定的要求，也符合社会成员对个体发展的需要。人人都有在某个方面特有的潜质，有能够发挥出个人才能的领域。教育一定程度上就是善于在学习实践中发现和拓展学生某方面的优势智能，扬其所长，然后带动其他方面潜能的拓展，促进整体潜能的不同发展和提升。多元智力理论所揭示的真理就是人人都是可塑之才，只是闪光点不同而已。只要方法对路，能够及时发现学生擅长的领域，及时给予他们合适的空间和机会，每个人都可以得到最适合自己潜能的挖掘。这种拓展已经远远超越了以往传统的语言—数理逻辑能力的智力观，认为仅仅凭借一方面的高低去评估判断学生优劣，是对学生最大的不平等。

近年来，国家逐步推行的技能型高考模式，为多元化人才成长提供了一个较为客观公正的人才选拔培养渠道，通过高考制度的改革，我们可以为选择职业教育的学生找到最佳的成才成功之道。接受职业教育，发现自身的闪光点，依然可以找到一条符合自身实际的成才成功之路。即人无全才，人人有才，只要能够找到适合自身智力特点的路子，每个人都可以成才，做最好的自己。在接受系统职业教育之后，很多高职高专毕业生普遍认为自己在"人生态度、进取心、包容精神、公益心、责任感、法纪观、健康观、成才观等方面有很大的进步和提升"。他们在接受适合自身职能特点的教育过程中，逐渐提高实践智慧，悟得隐性知识，为以后的社会实践打好基础，以自己的潜在优势和实际能力赢得社会的尊重和认可，从每个人内心深处都能够真正在社会上找到适合自己的发展道路，积极融入社会，拓展个人素质、用自己的优势去服务于现代化建设，这非常有利于人们的社会认同感、增进社会稳定的因素。

2. 建设现代职业教育体系，改善民生

就业是民生之本，通过接受职业教育，掌握一定的技能实现帮助顺利就业，融入社会，职业教育成为解决民生问题的一个法宝和调节器。我国是人口大国，就业问题也始终存在。随着我国经济进入中高速增长阶段，就业的宏观环境也发生了很大变化，就业形势又面临新的形势和考验。

职业教育在我国经济社会发展中将居于更加重要的位置，通过对处于相对弱势的就业困难群体进行必要及时的帮扶，提升其自身的素质和职业技能，为他们真正融入社会提供机会和可能，可以有效拓展他们的就业生存空间。

3. 建设现代职业教育体系，促进经济发展新常态

培育适用人才发展和经济增长之间有着密切的互动关系。

（1）经济增长是人才发展的坚实基础。经济增长对人才的开发和发展具有决定性作用。①经济状况决定了人才资源的供给和需求关系。随着科学技术的进步，劳动生产率快速提高，经济增速逐渐加快，这就使对普通劳动的需求不断下降，对高素质人才的需求不断提升。②经济增长制约着人才资本结构的变动。经济增长和发展状况决定着人才的文化教育层次及部门、地区和职业的分布结构等。③经济增长带动了人才的相应迁移和社会流动，人才资源根据经济增长的需要在地区、产业和职业间进行适时适量的运动变化。

（2）人才发展是经济增长的源泉。人才是决定经济增长的关键性因素。新经济增长理论认为，人力资本的差别，是导致各个国家经济增长率差异的主要原因。从生产过程角度看，人力资本在生产过程中发挥着要素和效率两方面作用。作为要素，人力资本在生产过程中不可或缺；后者指人力资本投入质量和比例的提高，是生产效率提高的关键要素。人力资本素质的提高可以提升经济增长的速度和质量。从我国长远健康发展的角度来看，发展人才事业，提高全民族人口的素质，把沉重的人口负担转化为人力资源乃至人才资源的优势，是实现中国梦的一条必由之路。发展是第一要务，人才资源是第一资源，人力资本质量是经济发展质量的关键。

我国要想实现由工业大国向工业强国的转变，推动经济提质增效升级，也需要适应经济转型升级对劳动者素质的新要求，及时抓住职业教育和培训的关键，培养中高端技术技能人才，全面提升广大劳动者的职业素质。在通过发展职业教育提升经济发展质量方面，我国积累了诸多新的宝贵经验。

职业院校毕业生已经成为产业大军的主要来源，成为我国推动实体经济健康发展的中坚力量。培养经济新的增长点，塑造服务业新优势，第一产业更加集约高效，实现中国经济的升级换代。实现以上目标，需要有大规模的技能人才来支撑其健康发展，全面提升人力资源的整体素质。

4.建设现代职业教育体系，构建学习型社会

20世纪60年代以来，终身教育在纵向和横向上都有拓展。纵向上，延长了人的受教育年限，贯穿于人一生的婴儿期、婴幼儿期、青少年期、成人期和老年期等各个阶段的教育，使人的受教育权利贯穿一生；横向上，表现为对社会各种资源的重新整合，不仅仅是学校教育，也表现为一些"准学校"教育模式，如社区教育、职业培训及两种以上教育形式的整合。

终身教育表明了这样的一种努力，它把不同阶段的教育与培训统筹与协调起来。个人不再处于这样一个分段状态。在职业生活、文化表现、个性发展以及个人表现和满足自我的其他方面需求与教育培训之间将建立起一种永久性联系。教育越来越被视为一个各个部分相互依赖，并且只有在相互联系中才有意义的整体。终身教育为实现教育机会的平等和教育民主创设了平台，在空间上打通了学校与社会、家庭的阻隔，实现了多元的立体的整合，保障了每一个人终身学习的机会，使得实现教育民主化成为终身教育的一个基本追求。

为了适应终身学习时代或者学习型社会的要求，需要改革传统的教育思想和观念，注重培养学生的实践能力，着眼于提高学生的人文素质，培养学生获取知识的兴趣，激发学生学习的积极性、主动性，使其思想处于主动、活泼、思维富有创造性的状态；从未来职业岗位需要出发，使其具备较强的学习能力，通过网络、新媒体等最新手段，培养自主教育能力、自主学习能力和自主管理能力，以便在职业岗位多变的社会环境中做到终身学习和教育，不断调整自己，适应不断发展的社会。

第三节　职业教育与经济发展

一、高质量发展下的经济增长

（一）高质量发展的时代内涵

1. 开启经济转型

高质量发展要求我国经过改革开放的经济宽松政策后，加快企业内部生产和加工方式革新，让经济增长的总量获得大幅度提升，使社会不同层次的制造企业都有符合实际现状的产品质量。加之我国对城市基本形态的改造计划实施，可以使我国产品加工和销售体系更加完善。国家相关产业部门制定实施政策时，需要将经济质量状况作为主要的改进方向和衡量企业结构创新的标准。

（1）经济向"结构优化"转化。在制造数量成倍数增加的时期，国内经济收入增加的主要渠道，需要借助经济规模的持续增加完成，但数量增加伴随的是国内基础性生产制造原料的大量消耗，意味着依靠规模扩张为主的企业，其发展理念不再适用，以往将国内大面积的闲置土地用于改造加工工厂的方式不能再继续实施。国家需要将持续增加的制造加工类企业数量，转变为将制造产品的质量层次向更高方向探索，完善企业制造产品的原料和产品销售渠道，实现产业结构优化。在国内，社会企业加工的产品质量可以满足居民群众对生活和享受的需求目标后，应进一步提高理论性的科技研究成果向实践应用领域的转化。

（2）经济向"质量追赶"转化。经济的快速发展，使我国社会生产力水平大幅提升。在完善国内生产各类产品的手段和资源要素采集渠道后，社会范围内的制造业发展水平逐渐超越了原本领先的国家。

随着国内群众可支配收入的持续增长，居民生活状态和我国对外展现的消费情况有较大变化。在国内外市场中，消费者更加追求多样化、个性化、高质量的产品和服务。因此，加工和制造数量方面的增加，并不能成为国家发展的唯一方向。伴随世界经济形势的变化和各国理论性科技成果实用度的增加，追求加工数量的增加已不能满足国内群众的基本生活和精神方面的需要。因此，我国经济开始从"数量追赶"转向"质量追赶"。

（3）经济向"创新驱动"转化。近年来，我国适宜参与社会生产企业各项劳动和加工的劳动力资源逐渐减少，社会范围内固有的基础性土地和其他生产资源的供应数量无法同以往保持一致。因此，支撑我国经济收入增加的方式和推动力，已经转变为科技研发成果的投入数量，由提升加工产品制造数量的加速增长方式，转变为依靠各类创新要素带来的乘数增长方式。因此，提高社会各行业的质量符合我国基础性经济状况和国内人民群众的生活状态。不能将生产制造行业形成的体系作为衡量我国经济收入模式的主要指标，还需要考虑我国内部其他行业的结构变化和消耗的资源状况。要大幅度提升制造产品的质量层次，需要在国家相关政策持续支撑的前提下，拓展经济发展新渠道。

2. 满足高质量需求的发展

美好生活是由高质量的商品和服务供给所支撑。我国一直以来都以制造加工技术被世界其他国家所认可，生产加工的产品在世界各国使用的产品中占据较大比例。在社会范围内，大型生产加工企业应完善产品自生产阶段至供应阶段的销售体系，不能将企业的发展目标和制造方向限制于基础性物品加工，而是需要吸纳专业性的研究人才，提升自身产品的实际价值和实用功能，研制开发带有企业发展文化内涵的新型高质量品牌。在大方向上，我国需要调整国内各行业的产品制造状况，提高生产要素的利用效率，加强自主创新能力。

3. 促进人口素质的全面发展

提高加工产品的质量层次，不仅需要从加工效率方面着手，还需要确保国内群众经过企业制造方式的改进，实现居民生活水平的提升，促进人的素质全面提升。因此，我国应该在经济高质量发展的基础上，构建合理的收入体系，通过产业结构的转型，提升劳动力的收入水平，为人口素质的全面发展提供保障。

构建与发展水平相适应的社会保障体系，增进民生福祉是发展的根本目的，在建设合理的收入分配体系基础上，构建与发展水平相适应的社会保障体系，在幼有所育、学有所教、病有所医、老有所养、弱有所扶等领域不断取得新进展。

（二）经济转向高质量发展的可能性

1. 我国经济转向高质量发展的优势

（1）大国优势。第一，空间优势。我国基础性土地面积资源的支撑作用，使我国提升经济领域收入增加的开发视角更加丰富，也使不同区域之间由于运输条件和固有资源种类限制而有不同的发展现状。影响我国经济收入增加的潜在要素有较大的开发空间，如生产模式尚未改造至新型现代化的城市区域，是我国政策扶持集中的开发区域。第二，劳动力质量优势。在我国，有效的劳动力数量在生产制造行业投入量持续增加的情况下，伴随对加工产品质量层面要求的提升，对劳动力的基础素养有更高的技术应用要求。自我国开始实施经济领域的各项开放性政策以来，我国教育行业的发展状态开始逐渐稳定，各生理年龄阶段的儿童都有适宜的教育，使我国参与各行业产品制造活动的劳动人员的基本素养有了大幅度提升。这一现象成为确保国家内部经济增长效率的人才保障。第三，内需优势。鉴于我国基础性生产资源储备量的丰富和可参与制造的劳动人员素养的提升，我国制造的各类新型产品在国内可以有较大的需求量。同时，城市和农村生活的人实际经济收入数额的提升，使其可以有更多资金，进而借助消费过程满足高质量的生活需求。在我国内部各领域的开发状态逐渐升级的情况下，国内各区域群众对不同层次产品的实际需求得到大幅度提升。

（2）制度优势。在我国经济领域的发展状态进入新时代状况下，国家实际经济收入的增加与内部实行的各类制度政策有密切的关联性。在我国经济领域采取预先制订计划作为日后生产制造的指引目标时，主要借助国家内部实际经济收入的增加，使群众明确指引政策和应用制度的正确性。

但在国家经济形态和制造模式进入新时代后，社会发展的主要目标不再停留于证明应用政策的有益性，而是完善运行社会制度的不足部分。在经济领域运行新时代的要求下，需要调整国家领导各行业制造方式和投入资金支持的现象，将社会主义制度运行过程中显现出来的特征，与社会范围内市场因素的调节作用相结合，借助国家内部运行经济模式的调整，使市场手段对经济收入增长的刺激效用更加明显，使社会各行业、各企业制造主体可以对产品加工模式的创新有实践应用的动力。

社会不同种类制造产品数量的丰富和质量层次的持续提升，使各企业之间就某一产品的竞争范围逐渐加大，各行业若要使制造的产品吸引更多群体进行资金消费，需要深层次地挖掘产品的附加价值属性。在我国经济领域，产品对外销售开放程度不断提升的情况下，既需要开发自身能够独立制造特征显现的产品品牌，又需要关注其他国家政策投入和改进领域的不同。

我国作为将社会主义相关制度理念应用化较高的国家，在不同阶段扶持政策的带动和国家固有资源要素的支撑下，使经济领域向新时代方向前进得更有效率，且具有要素支持。如今，我国经济领域新的运转形态出现，为我国开展生产模式调整提供了更多的可能性，明确提升制造人员技术性素养培育和产品加工质量提升的重要地位。

（3）阶段优势。根据社会经济领域实际收入的提升和减少的运算模式变化，可以明确国家内部实际经济收入提升率的增加，需要依靠国家对应政策的推动。在不同城市建设模式向更现代化方向开拓的过程中，会使储存量固定的资源性生产物质的使用主体从制造效率较低的企业，转向加工体系较为完善的大型企业。这类资源性核心生产物质使用主体出现的转移现象，可以大幅度提升资源性要素的有效适应度，减少社会环境中资源不正当使用的浪费现象发生和环境问题产生的概率。

资源物质要素使用主体的持续变化，还可以使社会范围内各行业对制造产品的分工步骤和结构规划更加适宜，因此，我国政策的主要针对方向应是将城市转变为现代化的运行模式，对社会各行业产品制造销售的流程进行结构化改造，使我国现代化和工业化的发展潜力得到进一步开发。

转向高质量发展的阶段优势体现在以下方面：

第一，从我国现阶段工业化进程情况来看，我国正处于工业化的中后期。这一时期，社会各行业产品的制造至销售过程，会有专业部门进行精细分析，使产品制造环节对完成产业体系的其他部分的引导带动性更强，也不能忽视新型信息技术传播平台不断出现对生产制造行业的影响，要将两部分联合起来分析共同开发新型工业化的潜力。

第二，从我国国家政策对推进城市化发展进程的实际效用方面而言，我国城市内部运行方式的改造仍处于较快的发展阶段。因此，提升城市已有发展模式向现代化方向转变，需要改造城市周边和农村地区的发展情况，在改造升级过程中合理运用我国固有的资源要素。

第三，从国家各行业制造状况向现代化方向持续推进的情况来看，我国的实际经济收入较以往有大幅度提升。在提升国内各行业就业人群实际经济收入的过程，还有较大的开发潜力，是国家未来制定前进目标和发展要求可以参考的重要领域。伴随我国社会各行业和城市改造状况不断深化，我国可以借助信息技术和科技创新成果的提升，实现经济高质量增长。

2. 中国经济增长发生的新变化

（1）经济增长的客观变化。经济新时代的出现是经济运行体系发展规律的体现，也是各个国家社会企业制造形式不断变化的结果。尤其是针对制造形式和社会发展状况较复杂的国家，更需要加强对国内外不同的经济增长因素进行系统性探究。如今，国家扶持性经济政策讨论应深层次地了解人民群众现阶段的生活状态和需求，确保人民群众消费观念对经济提升效率的带动作用。

国家经济增长的影响因素较为复杂，认识国家内部有效经济增长放缓的现象，需要以更理性的逻辑思维进行剖析。客观条件的变化，既有社会企业资源性制造要素供应量的变化影响，也有国家各项扶持性政策不断出台的影响，是转变自身企业产品加工质量和生产手段创新的必然现象。经济增长的客观变化包括以下几种：①全球经济复苏缓慢，国际需求疲软；②国内投资和消费需求增长放缓；③人口红利的消退；④自然资源供给约束趋紧；⑤技术创新的约束。

（2）经济高质量发展的条件。为使社会整体生产状况达到高质量的发展层次，需要对经济发展、社会文化、政策法律等环境要素加以研究和分析。国家内部实际经济收入方面，质量优质产品的增加，可以使社会范围内形成注重产品质量的文化氛围，并配合相关产业发展过程，进一步制定和完成法律规范与治理体系。

在我国将制造产品销售渠道不断向世界其他国家开拓的过程中，我国经济实际收入增长的数字产生了大幅度跨越，为日后各行业生产产品的要求向高质量方面演化提供了基础支撑。如今，我国经济领域的发展现状和企业制造模式较以往有更多特征，人民群众的实际经济收入较以前有大幅度增加，伴随社会企业制造主体雇佣劳动力成本的增加，各企业取得竞争优势的因素不能再依赖成本的降低。从我国将社会各企业从事生产制造的劳动力人数持续增加，并获得一定经济收入后，伴随国际范围内制造形式和产品实际需求的改变，政府管理部门逐渐意识到应将增加制造环节的劳动力成本投入数量转为把控产品质量层次。

我国传统的企业生产方式和产品的实际供给，已经无法满足当今社会条件下人民群众生活的需要。因此，我国在调整自身社会行业制造产品质量产出层次时，需要将消费主体实际的使用需求作为目标性指引，确保各行业制造的产品有更多附加价值和属性，满足消费群体的使用需求。

（3）经济高质量发展的关系处理。

第一，政府作用与市场决定的关系处理。要想保证国民经济发展的质量与速度，除了要对政府与市场之间的关系有正确的认识，还要认真处理二者之间的关系。只有最大化发挥政府的作用，保证市场能够自主地进行资源配置，才能进一步促进经济的高质量发展，实现全面建设社会主义现代化国家的中国梦。

我国在改革和完善经济体制的过程中必须要对政府与市场之间的关系有正确的认识。政府负责行使公共权力，市场负责各种资源配置。市场和政府在解决问题时除了要遵循必要的机制和规律，还要积极承担起属于自己的职责，不推卸责任。市场与政府之间要携手共进，共同发展。人类在发展的过程中必然会诞生市场和政府。市场与政府之间是互利与共生的关系，二者都有自己的优势，它们只有相互促进、相互依赖，才能实现共同发展。在处理政府与市场之间的关系时，既不能出现过度市场化情况，也不能出现过度行政化的情况，要准确控制好二者之间的"关系度"。只有构建完善的现代化市场经济体系和现代化政府调控体系，才能推动国民经济的高质量发展。

第二，国内经济与国际经济的关系处理。商品、信息、资源、技术、人才及资本等都随着经济全球化的加快实现了全球性的流动，各个国家之间在加深合作的同时，也有了更激烈的竞争。我国的经济会随着我国向经济强国和贸易强国转型的过程中实现高质量发展。中国经济既要始终保持开放的态度，又要不断创新，进一步实现对外开放，紧跟经济全球化的脚步，用全新的姿态迎接新工业革命，用最快的速度完成产业升级，用最积极的态度进行国际产业分工合作，主动参与到国际贸易治理中去，让中国经济向着国际化和全球化全速前进。

第三，经济发展与生态环境的关系处理。保护自然环境是为了人们更好地生活。环境、生态、资源这三方面不仅对人类的生存和发展起着决定性作用，还对社会发展以及国民经济起着至关重要的作用。人类的发展和生存离不开自然资源，自然资源是由生态环境构成的，其不仅包括具有使用价值的自然资源，还包括天然存在的自然资源，为了人类社会的进步与发展，就需要合理地利用这些自然资源。

而人类可持续发展的前提则是人与自然和平共处，自然资源的破坏十分不利于人类的生存和发展。为了经济更加快速的发展，首先需要解决资源、生态、环境及人口等问题，将爱护环境、保护环境及合理利用资源的政策落实，加大力度推动生态文明及低碳发展的建设进程。

（三）经济的高质量发展分析

1.经济高质量发展的理论基础

（1）古典经济增长理论。西方经济学最早对经济领域实际收入增长的影响因素进行了研究，下面选取三个经济学家的相关理论展开研究。

第一，亚当·斯密理论。古典经济学家亚当·斯密在《国富论》中对如何促进增加国家范围内经济收入提出了系统的探索步骤。他提出不同国家实际经济收入增加的影响因素具有相同性，核心影响因素是在生产过程中不同人群的任务分工和产品在社会范围内的需求量。他还将社会新兴起的理论性科学概念研究与产品销售渠道的扩充，作为重要经济因素看待。在理论性科学探索成果持续应用于实际的产品制造过程中，在各项生产活动投入资源性成本数量固定的基础上，也可以利用生产手段的创新，提升实际制造效率。

在将加工产品向世界其他国家开展对外销售的过程中，企业的制造过程在国际范围内有合理的体系设置和销售流程安排，可以让剩余产品实现价值并扩大再生产能力。在各个国家制定的国内经济领域调整政策中，需要改变不良政治因素对经济的阻碍作用，从整体和各项重要影响要素角度，综合剖析促进经济总量增加的动力。

第二，约翰·穆勒理论。18世纪，西方经济领域的研究学者约翰·穆勒从其他角度剖析了经济增长核心要素的构成，提出在西方许多国家存在收入资本不平衡的现象，是干扰人们消费观念产生的主要因素。这些研究还指出，在国家经济收入总量处于更高层次后，国家的法律制定维护部门和在社会范围内从事慈善事业的人不会再关注各产品的产出状况；认为从国家制定扶持政策的视角，需要考虑社会企业本身的制造需求和人民群众的实际利益。如果国家经济收入总数的持续增加无法使人们分享到经济成果，会使人民群众在心理情绪层面对国家管理者的政策和国家未来产生质疑。因此，只有当经济发展成果由全体国民共享时，才是有意义、有质量的增长。

第三，凯恩斯理论。20世纪，西方经济学家依据凯恩斯理论中的就业和收入理论，重点提出以提高社会就业、增加就业人口收入为基础的经济增长模型。这些学者的主要观点是将社会范围内各行业的产品制造效率和使用资源性成本之间的关系作为主要衡量指标，认为国家范围内人口数量的增加和新型科学理念的运用，都是提升国家整体经济增长的因素。伴随人口数量的增加，各国在制定扶持性政策时，还需要预测控制未来人们的就业状态，确保社会各行业新型工作单位的缺口，可以满足人口增长的需要。但是，这类依靠人口数量增加和实际就业岗位满足为主要经济收入的增长手段并不具备长久性。这一理论的另一个弊端是没有将理论性科学研究成果的更新速度和实际利用率作为考虑因素，这些因素相较于传统的资源性生产要素更不可控。

（2）新古典经济增长理论。美国新古典经济理论研究指出，从社会范围内各项干扰要素结合来看，劳动、投资与技术等要素对实现经济的质量提升能够起到关键作用。新古典理论将科学技术要素对企业制造和国内经济收入增加的影响关系进行了深层次探究，认为国家如果可以有效控制和提升技术要素构成部分，可以实现经济总数的增加；还指出在研究科学技术要素应用度和开发现状的过程中，需要结合资本的实际投入研究。将生产加工创新带来的经济增长数据与资本投入增加带来的收入进行对比剖析可以明确，技术要素的创新改进对企业提高产品质量将发挥关键作用。经济学家对美国一些领域的产出状况进行了分析，结果发现在这些领域的增长中，技术进步的作用要远远大于投资要素的作用，这些结论使更多生产者意识到科技创新要素的重要性。

这类以生产技术工具创新作为促进国家经济收入增加的理念有一定可取性，可以减少资金类投入成本对企业制造规模和产品质量层次的限制。但科学技术要素作为干扰经济收入总量的新因素，也具有动态性较强的特征，人们无法预测剖析社会未来技术的发展方向和创新领域。然而，理性科学技术要素作为新的影响要素符合各国创新要求，具有积极的研究意义。

2.经济高质量发展的特征及环境

（1）经济高质量发展的特征。

第一，第三产业对于经济增长的贡献显著增加。社会范围内和制造产业的模式改造，也是产品数量和质量双向提升的过程。然而，从未来国家经济状况和实际发展需求来看，产品加工流程不断改造是新型信息传播方式持续开拓的必然要求。从理性知识研发成果的应用程度来看，可将服务业发展水平作为衡量国家经济增长状态的指标。

第二，创新对经济增长的贡献显著增加。自从国家采取持续增加部分城市产品销售和制造的对外开放度政策后，我国较长时期内经济的增长状态都保持较好的水平层次，是我国从有相关文字记录经济增长情况的历史以来最高增长状态的呈现。当在人们意识到加工数量增长的经济收入方式的各种弊端后，应将提升制造产品质量作为下一阶段的探索领域。在研究如何提升产品质量层次的过程中，需要将我国已有的理论性科学成果不断进行应用领域转化，同时将探索目光集中于生产流程的合理设置和创新理念的应用。

第三，消费对经济增长的贡献显著增加。从国家提出对社会范围内企业制造的过程提供政策性支持后，我国经济领域实际资本的增加，主要依靠向外销售各类加工商品和吸引国外大型机构的资金投入，在当时的社会背景下，该现象是确保经济增长的必然措施。然而，伴随世界范围内其他国家经济形式的不断变化，我国制造出口的产品数量远超其他国家的实际需求数量。原本借助制造产品进行对外贸易和吸纳其他国家企业主体经济投入的方式，增加国内经济收入的效果不再明显。但是，我国人民群众的经济收入状况较先前一个时期有了一定提升，我国可以将产品的销售目标转向针对国内中等收入群体的实际需要，进一步刺激经济内循环。因此，现阶段我国调整产业制造方向和支撑政策，都是将消费作为主要的考虑目标，在社会范围内打造有利于民众产生消费的氛围环境。

第四，结构优化。我国将各行业的创新成果不断转化为实践应用，深度了解在社会环境下人民群众的生活现状和消费需求后，我国需要实现产业结构的进一步优化和升级，从而引领社会供给体系的变革。按照这一要求，我国社会各行业都有自身的目标指引和结构调整方向，既可以提升国家经济收入，也可以确保生态环境要素处于稳定情况。对此，我国在不同产品和社会行业的供应部分更符合人民群众的现实需要，并对产品自生产至销售的完整路径进行体系化设置，将我国固有的基础性生产资源的消耗量与制造的实际需要相协调。

第五，包容性、普惠式增长。为了实现经济普惠式增长，国家需要不断优化产业结构，调整资源分配政策，使各项资源向落后地区和低收入人口倾斜，进一步缩小城乡之间、地区之间的发展差距。一般来说，服务型行业发展模式改进过程中涉及较多影响因素，如果可以实现现代服务业的快速发展，可以使其成为刺激人民群众产生消费和国家经济收入增加的主要动力。只有国家支撑性政策从人民群众的实际需求角度入手，才可以使社会的基本矛盾在更短时间和可控范围内得到有效解决。

（2）经济高质量发展的环境。

第一，政策法律环境。我国要实现经济的高质量发展，需要建立与之配套的法律法规。借助提高实际的产品销售、制造流程限制和提供服务机构水平，确保国家在宏观范围内实现经济总体质量和发展状态的稳定。如果将产品质量作为我国经济领域未来转型发展的基本要素，需要国家层面的产品质量管理部门、实际的产品加工者与最终产品使用主体之间提升沟通度。此外，产品加工制造至销售使用的各流程，都需要有专业人员和部门履行监管职能，同时配合国家层面提出的政策法规和质量标准要求，完成加工方式现代化的革新。借助制造相关流程的不同政策法规的制约，可以使产品加工销售过程中各主体明确自身责任范围，确保产品制作销售过程中所有组成部分向共同的制造目标前进。

我国现阶段实行对各制造行业产品质量管理条例集中于从企业管理层面进行严格约束，主要依赖国家相关法律管理部门对加工环节进行规范，并没有重视产品实际使用主体对产品的改进意见和附加价值的追求。这种依靠单一主体作为产品质量管理政策制定部门的形式，不利于在更大范围内解决产品质量源头性问题，也会凸显单一管理主体设计理念和改革视角方面的局限性。如果在制定质量管理法规的过程中，有更多主体参与法规的制定，可以使社会范围内对质量标准的法规有更高的执行度和认可性，也可以均衡各类产品加工至销售使用过程中各主体的实际利益。因此，在国家相关产品质量管理部门管理法规不断颁布过程中，需要在社会范围内打造对各产品质量层次重视的思想观念，广泛参考其他国家制定产品质量管理规范条例的实践经验。

第二，社会文化环境。经济的高质量发展，离不开相对应的文化观念指引。文化是指经过历史时间积累，人民群众创造的精神层面文化理念的集合。质量是国家工业性制造能力和加工生产状况的明显体现，受参与制造加工人员的基础素养、社会企业内部参与制造的基础性装备和资源性材料影响。同时，国家生产物质产品的质量也是衡量国家文化发展的重要依据，体现国家内部社会各制造企业对管理理念和价值观念的理解。

质量文化指我国社会生产方式变革而产生的各方面文化价值观念的集合。质量文化自身带有明显的被理解和传播的特征价值，通过对质量文化的传播和利用，可以帮助社会企业完善加工流程和企业生产层次定位。

随着我国经济领域生产制造规模和产品销售渠道的持续扩充，我国只有拥有独立制造运行的核心产品品牌，才能使加工行业的未来发展空间更大。但是，我国经济领域加工形式的改变与我国历史发展积累的文化观念和制造技术有较大关联。只有我国社会进一步形成工业文化和质量文化，才能确保社会的制造技术向更现代化和符合人民群众需要的方向发展。因此，我国在吸收新的工业文化观念时，在注重传统加工观念和商业产品销售观念的前提下，应关注制造产品最终质量层次和实际价值需求方面的意义。

第三，技术基础。提升各类产品最终质量层次需要的实际技术保障，与国家内部积累的加工手段和管理经验有较为密切的联系，产品加工质量操作技术方面的基础能力也是国家整体技术水平的有效体现，是社会范围内对传统加工方式进行升级改造的主要依据。为了建立坚实的技术基础，国家需要在制造业领域下，形成限制各类产品质量的完整流程体系，才能在控制不同产品质量状况时具备可操作性。借助颁布产品质量程度限制规范条例，完成对国家内部各行业产品制造流程和销售链条的改造，从而与世界各国在更多方向达成合作和新型技术交流。

各类产品加工质量技术方面的能力与国家社会范围内的加工观念相联系，

只有国家内部有较为标准的质量测算器具和衡量依据，才能使国家制定的产品质量规范条理有更高的执行度和公信度。产品质量方面的加工技术能力，可以借助质量检测单位的规定，以及质量检测流程的透明公正性，在更多方面确保提升不同种类产品的质量等级。增加国家经济高质量发展的优势因素，可以使更多企业提升制造产品质量，还可以促进形成可持续性发展观念。从发挥国家相关部门产品质量管理职能的视角来看，对各类产品质量进行认证认可、检验检测，可以使对社会加工企业制造过程质量状况的认证行为更有指导性。从对各类产品加工流程进行质量检测消耗的资金成本来看，国家需要在这些领域投入大量的资金，维护质量检测的公正性与公益性。从全球化视角看，质量技术基础不仅能够促进一个国家内部各产业实现质量发展的技术保障，更是一个国家提高话语权的有力支撑。

3. 经济高质量发展的指标衡量体系

（1）经济高质量发展的衡量维度。对各类制造产品进行更高的质量要求，在内容规范方面和实施主体部分都需要考虑多种因素，既有经济领域未来发展模式的预设、社会整体文化指引观念的塑造，又有对国家领导层面管理模式的思考。只有细致剖析质量检测过程中涉及各主体的发展状态，才能建立向高层次质量方向发展的完整体系。

第一，经济高质量发展的经济结构维度。国家内部实际经济收入的增加状况与制造过程中各构成要素的投入数量有较大联系，改造经济收入的结构模式，可以使制造过程中涉及各主体之间的工作范围更加明确。对各国内部实际经济收入的组成部分进行结构改造，是推动经济收入增长率提升的有效措施，也是提升制造产品质量层次的主要手段。国家内部经济结构不只包括产品使用主体的需求状况，还有社会各企业的制造结构和资金成本投入状况。这些构成要素中，无论哪一部分发生不符合顺序的变化，都会使经济领域实际增长率的下降带动国家内部其他行业产生变化。

第二，经济高质量发展的经济增长效率维度。经济增长效率是国家内部经济实际收入增加的有效部分，这一因素与经济收入部分投入的原始成本有密切联系。只有国家范围内各制造企业的加工效率有明显提升，才能确保对产品质量层次的要求有实施角度。平衡控制各类产品制造过程中，资源性物质的投入成本与产出的实际产品，可以使社会企业内部的经济收入增长更加明显。在不同阶段，社会各企业实际经济收入明显增加时的表现状态不同。针对依靠加工数量提升作为企业内部实际经济收入增长有效措施的企业，核心手段是借助传统资源性加工要素供给和使用数量的不同，调节产品加工数量。这一方式在短时间内可以达到对企业实际经济收入增加的刺激，但在长时间内，不是可持续性和有效性的经济增加手段。只有提升高端产品制造要素供给数量和层次，才能达到各类产品实际效率更高的数量产出情况。

第三，经济高质量发展的增长稳定性维度。增长稳定是指在实际经济收入持续增加的过程中，没有出现幅度较大的增长率变化。如果国家内部经济的实际增长率可以保持稳定增加，会使社会企业制造过程中消耗的资源性物质得到更高的使用效率，大面积减少国家经济政策调整过程中不确定性影响的因素。如今，我国经济领域正在进行生产模式调整，并逐步扩大与世界其他国家开展项目制造合作的深度。因此，在国家进行产业结构的转型升级过程中，各行各业的经济增长必然出现不同程度的波动，但波动状况稳定适度是国家生产模式调整行为有效性的体现。需要注意的是，测算实际经济增长率时，若发现变化幅度较大，则需要及时报告反思，减少大幅度变动对经济领域社会生产和群众消费行为的影响。

国家内部经济安全的含义，指经过国际范围内经济全球化氛围影响，还可以在国内确保稳定生产过程中资源性物质供应数量合理，并稳步提升经济增长率。

第四，经济高质量发展的创新能力维度。国家各生产行业创新理念的应用状况，不仅是调整企业内部产品制造模式的主要依据，也是确保国家对外在生产领域有更多核心竞争要素的体现。技术方面，创新加工手段的应用对产品质量等级向更高层次提升具有重要作用。目前，我国社会范围内经济领域新的生产方式不断变更，各种新的能源型物质不断取代传统原料物质，更需要在原本的社会企业加工模式中寻求创新理念的加入。随着虚拟信息传播技术和平台的持续出现，以创新理念加工而成的新型行业不断增多，各国也开始在政策层面对新出现的产业制造类型进行各方面支持。

第五，经济高质量发展的收入分配与人民生活维度。增加各国的实际经济收入，主要是借助完成社会范围内优惠性政策实施对象的扩大，使群众基本性的生活状态和精神需求得到更高层次的满足。如果国家领导层面在制定生产规范政策时考虑更多的影响因素，会使国家实际经济收入的增加效率更高。

各国内部福利性政策的分配对象和群众基本性的生活状态，都可以借助参与生产环节劳动人数的变化带动经济领域发展模式质量层次的改变。当收入分配不平等时，低收入人群会选择不进行或者少进行人力资本投资；当收入分配相对趋于平等时，这部分劳动力可以多投入人力资本，由传统部门向现代部门转移。

第六，经济高质量发展的政府服务效率维度。政府管理部门不仅是国家内部调整社会企业制造模式的主体，是弥补市场性手段功能发挥不足之处的主要机构，也是直接影响群众生活状态的主要部门。只有确保国家在经济领域实际收入增长率的提升处于适宜区间，才可以使政府这类经济领域制造模式调整手段发挥时效性。政府调控社会范围内经济增长和消费状况，主要体现在借助投入资金数量的不同。另外，行政手段作为强制性理念更明显的调控措施，也有自身效用发挥空间，但政府在行使自身各项职能时，需控制实施限度，充分发挥市场在资源配置中的自主性。

第七，经济高质量发展的生态环境质量与基础建设维度。①生态环境质量维度。生态环境方面的质量状况，是衡量经济发展质量的另一项重要指标。我国应以建设环境友好型社会为标准，加强生态环境保护力度，提升能源和资源的利用效率。②基础建设维度。国家内部基础性建设既包括运输条件的保障，也有通信方式的畅通和水、电等满足人民群众基本性生活需求的供应，都是影响社会各类生产企业制造行为调整的限制因素。同时，基础性设备也是国家内部生产模式调整和创新理念融入的主要因素，对社会未来发展模式的改造具有重要和引领性效用。

一般来说，国家内部基础性设施的升级落实程度，需要提前于经济领域未来的发展规划，这样才能为经济的持续发展提供保障。

（2）经济高质量发展的测量指标。在筛选社会企业制造各类产品质量状况指标时，理论上，部分统计指标在现有统计系统下是无法获取的，因此需要创造新的质量检验指标。

由于受到现阶段社会质量衡量指标数据收集方式的制约，只能在已有检验标准手段中选择合适的数据信息收集方式，建立国家范围内各类产品质量检测体系。因此，体系建立过程中涉及的各主体需要明确衡量指标，需要统计类工作开发深度，才能有更准确的认识。

（3）经济高质量发展指标的评价方法。在完善各类产品质量状况的检测体系后，需要确定对检验方向和指标进行评价的具体方法，主要流程如下：

第一，确定衡量指标体系中指标的标准值。标准值是进行指标归一化（无量纲）处理时作为分母的数值。标准值的确定要考虑发展的动态变化属性。可考虑的方法是在进行纵向分析时，以阶段目标值为标准值；在进行横向比较时，以选取先进值为标准值。

第二，确定衡量指标体系中指标的权重。权重的确定有多种方法，如德尔菲法（专家法）、平均赋权法、循环法等。

第三，确定指标合成方法。针对多个产品质量衡量指标的评价，需要首先对探索比对方法进行筛选确定，其中主要包括综合指数法、层次分析法、变异系数法、多元统计分析法等。分析质量测算指标构成成分的评价方法，主要是借助与其他指标共性的包含内容部分开展评价，在拆解难度内容较复杂的衡量标准成分时，可以消除部分共性内容。这样，在质量衡量指标内部只剩余新的主干成分要素，通过解析这部分内容，达到有效性的测算。虽然在质量衡量指标内部拆解构成成分时，可以消除相同的内容成分，但主要模式是将成分构成要素分为共性部分和特殊性部分进行评价测算，不能及时反映其他部分影响因素的变化情况，只能通过对共性内容的消除，了解完成变动的状况。综合来看，对质量衡量指标构成成分进行拆解分析的方式是从数据本身出发，没有人为主观感性因素参与评价测算。

针对各类产品自身的原有数据进行处理简化，可以根据目的不同，选择不一致的方案，但依据标准进行数据处理是应用度较高的方案。因此，对质量衡量指标内部构成成分进行拆解评价的方式，就是在标准化处理方式技术上改造而成。先确定产品质量测算过程中各类基础性指标要素的占比数量，再依据衡量指标的共性内容进行下一步分析。

（四）我国经济高质量发展的产业结构

1. 我国农业的高质量发展

（1）农业及农产品质量提升关键。农业的生产状况和产品的最终质量是影响我国农业领域持续健康发展的主要指标。因此，农业高质量发展是实现农业现代化的必由之路，需要监测农业投入品的质量状况和农业产品的种植过程，确保农业类加工产品的质量等级和安全度。

第一，生产投入的质量。与农业产品种植过程关系密切的要素物质，除了固有的土地和水源外，还有提高生产率的辅助类肥料要素和技术人员的操作过程。这些农产品加工环节中的必要流程和使用要素都是使农产品产生质量差异的影响因素。结合国外农业领域研究专家、学者的观点可以明确，人们对农业生产模式是否属于现代化方式的判断，主要从投入要素的部分进行分析。另外，通过农业种植产品的质量状态，也可以剖析出种植方式类型。

现代种植知识和新型技术的加入，可以随时预测调整农产品生长过程中的质量状态、产出情况和食品安全程度。不同的农产品种植方式对生产要素的投入数量都有衡量标准，如果固有的土地要素中含有不合格的金属成分或加工过程中农药辅助类要素使用量没有得到合理控制，都会使农业种植产品因为投入要素的差异而产生食品安全问题。目前在农产品市场上存在着大量因生产投入要素造成的质量安全问题。例如，在种植环节，生产者为了防治病虫害，会在作物生长过程中大量使用农药，最终造成农产品的农残超标；有些农产品在自然成熟的状态下收割容易损耗，为了提高产量，种植人员会在其未成熟状态下直接采摘，以农药辅助催熟的方式售卖。这一过程中使用的化学药物，也会残留在农产品当中，给食用者带来健康隐患。

第二，产品加工运输的质量。农业种植产品自种植环节到食用流程，还需要有产品的运输流程。许多承担农产品运输工作的主体为确保在运送时间内产品的质量状态，会用保鲜类化学物质对产品表面进行喷洒。

第三，终端农产品的质量。终端农产品是指在社会范围内销售的原料性农产品和经过深加工而成的新型农产品，对这部分农产品的质量状态进行检验，需要根据国家对产品销售的质量指标进行。

（2）农业质量的提升策略。

第一，保障生产投入要素的质量，进行原产地控制。保障耕地、水资源等农业生产投入要素的质量，进行原产地控制。固有的种植土地要素和浇灌用水是确保农产品生长状态的主要指标，这些要素对人类正常的生活工作具有较大影响。因此，控制种植土地和浇灌用水的质量状况，才可以使农业种植类产品的质量状况有足够的基础要素支撑。针对固有的种植土地要素，可以在对主要成分进行检测了解后，进行针对性的成分改良。对于灌溉用水，需要控制加工企业向水资源中排放废弃性污染物质次数，并且严格控制化肥类辅助要素的使用量。针对种植各类作物产品需要的种子要素，需要筛选市场中流通销售的各类种子质量。关于新研发的转基因类种植作物种子，需要科学论证转基因农产品的安全性，普及转基因产品的知识，减轻人们的固有印象。

第二，完善产品标准体系，深化产品品牌影响。在产品质量管理措施方面，严格按照现行的相关规定，出台农、林、牧、渔产品质量安全管理细则，为保障农业产品质量安全提供法律保障；实施农业标准化战略，坚持质量兴农，突出安全、优质、绿色导向，细化和健全包括农药、兽药、饲料添加剂在内的农产品质量和食品安全标准体系，建立和完善农产品全产业链质量追踪体系，进一步实现国内标准与国际标准的对接。加强农、林、牧、渔产品的标准制定与管理机制完善工作，实现产品市场准入与管理的主体有机统一；深化产品产地管理和质量安全县（市）管理。在产品品牌方面，推进农产品商标注册便利化，支持新型农业经营主体申请"三品一标"认证，打造知名公共品牌、合作社品牌、企业品牌和农户品牌，强化品牌保护；加快提升国内绿色、有机农产品认证的权威性和影响力，引导企业争取国际有机农产品认证，形成具有国际品牌效应的农业产品品牌。

第三，大力发展有机与生态农业，完善原产地标识制度建设。借鉴其他国家种植农业作物的改进经验，对农产品种植过程中可能涉及危害人体健康的因素给予明确的法律界限规定，从法律规范层面促使国内种植行业向绿色有机农业方向发展。借助法律要素的强制性和限制性，对绿色生态农业种植模式进行细致的制度保障，结合相关标准制定引导绿色农业发展的产业政策。对于有种植绿色农产品意向和初步方案的企业主体，国家可以适度给予种植设备和资金要素方面的支持，还可以将各类质量状态较好的农产品种植区域打造成地理标识性品牌，增加在国内和国际范围取得相关资格认证的可能性。

第四，完善质量安全追溯体系建设，建立农产品质量负面清单。筛选部分种类的农业种植品种和加工企业，作为质量追溯体系的示范区。根据测试结果，不断完善对种植农产品质量层次的检验指标。我国可以学习农业强国的发展经验，通过立法方式，制定食品安全追溯的法律法规，对农产品生产和加工、运输和销售的过程进行监管和跟踪。

针对加工农产品企业内部不按质量体系完成工作的主体和种植人员，应根据国家农产品安全类法规进行处罚。

（3）农业高质量发展中"数字乡村"的应用路径。农业经济的高质量增长主要体现在农产品相关产业链条的延长和各类原料性要素投入基数的增加。提升农产品的质量层次，不只是向绿色种植角度改造，也是以农业各类生产要素物质更有可持续性特征为目标。若使种植问题得到有效解决，需要以创新理念作为农业发展的新动能，利用数字技术，发展数字农业和数字乡村，实现我国农业产业在质量上的转型升级。

第一，挖掘农业发展潜力。新型信息数字加工技术可以在较短时间内，确保传统型的农业种植加工方式完成向现代模式转变，进而提升农业种植行业及相关行业的质量层次。这一方案的实施可从以下方面入手：①提高数字信息技术与农产品种植环节的融合度，从传统的农产品种植和加工过程中挖掘新的技术要素创新。②可以利用数字信息技术统计数据的便捷性，调动农产品种植过程中其他行业的主动性，丰富和扩充传统的农产品种植加工和销售流程。③借助数字技术平台储存的各行业信息，扩展农产品种植的销售渠道。

第二，赋能农业要素市场。将新型信息数据技术融入种植环节所需的各项要素中，可以使以往作为生产效率增加的主要带动要素呈现出新的实际意义，还可以使整个农产品加工流程体系的质量得到更好的控制。这一创新的主要实施途径包括：①借助信息承载平台将固定的种植土地要素向需要主体展示，将所有需要流转使用的土地进行土壤类型等相关信息的记录。伴随信息传播速度的加快，可以使人们更快地浏览到所需的土地，使原本闲置的部分土地可以发挥实用价值。②利用国家对信息数据技术开发的重视程度，使得农村地区已有的资本要素有更适合的使用方向。

第三，强化农业科技创新。借助物流平台数据信息展示方式的创新、运送效率的提升与数据收集方式的便捷性，使农业种植领域相关技术要素的创新探索方向更多，使农业种植效率的增加从原本的生产要素推动转变为以创新理念为加成。为此，主要的实施方式可从以下方面入手：①借助国家对农业种植领域的支援性政策，完成技术要素的探索过程，将理论性的农业相关知识向更实际的方向转化和研究。对即将应用于种植领域的科学成果进行适宜性和实用性判断，将原料型农产品的加工流程和产业链条进行层次提升。②将虚拟信息传播手段的升级作为农业种植领域增加自身科学性成果的手段，提供农业知识理论研究需要的各项基础性要素。提高探索出的理论科技成果与实际种植行为的技术融合度，最终使农业种植的发展模式既保证产品质量，又可以实现绿色种植理念。③借助消费群众感兴趣的新型消费热点领域，如开发乡村地区的历史文化景观和自然风貌资源，作为带动种植农产品销售状态更好的外部因素。④根据信息承载平台的不断丰富，提升乡村地区的网络覆盖率，这样做可以对农产品的种植过程实现管理方式的创新。同时，保障产品种植和加工过程中各环节可以按程序进行。

2. 我国服务业的高质量发展

（1）服务业高质量发展的目的。服务业最重要的是为人们提供高质量服务，需要在提供基础服务的前提下，再为人们提供个性化的高质量服务。人们对服务质量的评判标准不同，能够用统一的标准对不同行业的服务质量进行评判，需要针对具体问题进行具体分析。因为优质的服务可以给人们带来较好的使用感受，并符合时代发展要求。

随着我国经济的快速发展，社会各个行业得到进步，越来越多的行业服务开始围绕服务质量展开良性竞争，对我国产业结构的优化和升级起到重要作用；随着人们生活水平的提高，人们对生活的需求越来越多，并提出越来越高的服务标准，要求企业可以为用户提供个性化、智能化的服务。由于服务质量受到诸多因素影响，因此，评判服务业质量是一个较复杂的过程。

第一，服务业的发展与提升服务质量的解读。提升服务质量是发展服务业的有效方式之一，提升服务人员的服务素质、提升自身产品的核心竞争力、发展经济效益和生态效益相统一的良性发展，都是促进服务业发展的重要手段。在保证自身服务质量的同时，服务业主体应顺应时代发展要求和人们的消费需求，才可以很好地提升服务行业的竞争力，在市场中站稳脚跟。通过优化企业服务，可以使产业结构得到更加合理的发展。要使服务业得到长远发展，不能只关注服务质量，还需要对产品本身的质量、社会发展要求和人们的心理需求展开调查，最后得到综合的影响因素，对服务业发展进行客观、理性的评价。

第二，服务质量影响服务业的发展前景。良好的发展需要符合时代发展要求和人们真实的心理诉求，通过对社会、市场、消费者三者提供满意的服务，才可以帮助服务业发展，从而使我国产业结构趋于合理，并在追求服务质量的同时，谋求经济效益。服务业的发展应当着眼于整个国家，乃至整个国际市场，不能只看到当前区域的发展，应当用全面、理性的观点看待服务业的发展。此外，国际服务业的发展具体情况会通过国际的商贸活动表现出来。因此，市场主体要从小区域开始做好服务，从而提升整体服务水平。

要使服务得到良好的发展，需要注重每个区域的发展情况，加强区域的服务质量。针对区域间兴起的新兴产业给予重视，并针对服务制定标准、规范行为。注重培养新型产业服务质量，为人们提供个性化服务，使人们在接受服务的同时，获得良好的服务体验。

当今时代，互联网发展较快，一般的新兴产业都以互联网为主要平台，对此要求产业发展需要有良好的信息技术作为发展的基础条件。因此，区域间进行良性的服务质量竞争，可以保证各个区域都有较好的服务质量作为自身发展的优势条件，也可以为其他区域发展提供引导作用，从而带动整体服务质量。

在当今信息化发展的大背景下，不论是传统产业，还是新兴产业，都将互联网融入自身发展中，运用大数据计算技术与信息处理技术，帮助产业更好地发展，也可以更好地实现自身高质量服务。互联网技术可以为产业发展提供较为便捷的自助办理功能，不仅可以减轻企业工作人员的工作压力，还可以使人们更快、更好地解决基本问题。在新兴企业发展初期，政府会对其提供较多的政策扶持，帮助新兴企业获得较好的发展基础，但也会导致企业自行运营能力下降，不利于长远发展。此外，新兴产业的发展不应当以政府政策扶持作为主要方式，而是应运用自身发展优势，与成熟产业之间建立关联。因此，在新兴的产业发展过程中，要注重与其他产业之间迅速建立起良性关系，加大自身发展优势，从而获得更大的发展空间，规避和解决自身劣势，避免短板产业阻碍新兴产业的发展步伐。

（2）服务业高质量发展的作用。服务业的高质量发展需要各个企业和政府制订长期、稳定的计划，通过不断探索和研究方式发展服务业。政府和市场应当运用整体观点，看待服务业的发展。对市场发展方向进行确认，找到符合时代要求和人们真实诉求的服务发展模式，构建高质量的发展体系，为人们和社会创造价值。

第一，满足人民日益增长的美好生活需要的发展。提升服务质量可以提升人们的生活幸福感。高质量的服务需要符合时代发展要求和人们真实诉求，通过提供服务使人们获得良好的体验。随着生活水平的提升，人们越来越追求精神上的满足，对此需要企业在为人们提供高质量产品的同时，也要将高质量服务带给不同需求的用户。当今，企业需要排除万难，找到适合时代发展的途径进行发展。为此，应以提升人们生活幸福感作为自身发展服务的宗旨，有效保障人们的切身利益。企业应将自身供给和人们需求进行有效配置，通过平衡市场方式，提升自身的服务质量。针对人们的不同需求进行针对性服务，使人们可以感受到个性化服务，感到企业在服务上的提升，消费者对企业的服务提出意见、进行反馈，促进提升企业自身服务。

面对市场发展趋势，消费者越来越需要企业为其提供多样化、智能化、个性化的服务。企业在进行服务过程中，需要重视用户的使用体验和意见反馈，在产品质量得到保障的前提下，对其进行加工，体现产品的附加价值。针对当今时代的发展要求和人们对美好生活的向往，做出精良的产品，并提供个性化服务。针对消费者的喜好，提供符合消费者心理预期的服务，有利于企业获得用户的信任，并带来长远的经济效益。

以服务业与农业的融合发展为例，我国的基础产业为农业，要使其得到发展，应当发展符合时代要求的产业结构，通过加强农业服务能力，提高农产品的附加价值，并运用先进的技术帮助农业取得发展机会。针对不同种类的农作物，可以深入挖掘其历史文化，通过文化建设方式，使农业得到发展。近年来，国家十分关注农业的发展前景，并将大量资金投入农业技术的研发中，大幅度提升农业的生产效率和生产质量，而与互联网的有效融合，可以使农业得到更好的发展；互联网的信息技术和处理技术，可以针对网上用户的需求进行统计，从而提升农业发展途径的多样性。

企业需要通过制定个性化服务和差异性服务，提升消费者的消费体验。为此，人们对服务业的发展提出了新的要求，也体现出我国当今时代经济得到较好发展。只有人们的生活水平得到提升，才会对精神层次产生追求。

当今时代出现新的主流消费，传统的产业发展结构已经不适于当前的发展形势,需要针对产业的结构构成,发展符合时代要求和人们心理诉求的产业。伴随我国人口结构发生变化,养老人群激增,新的服务业消费需求随之出现,养老、就医等服务迅速占据服务市场,为服务产业提供更多的发展方向。对此,服务业企业需要不断找寻新的消费点,并针对现有的消费点提出良好的服务,使人们感受到较高质量的服务。

提升服务业质量需要明确人们的真实诉求,只有清楚人们的真实诉求及消费心理,才可以有效提升服务质量和人们的消费体验。经过对当今时代服务业的调查研究发现,服务行业在发展初期,都对自身未来的发展前景充满自信,但通过一段时间的试验会发现,服务市场无法很好地得到发展,存在许多阻碍发展的因素。究其原因,企业应调查市场和人们的需求,保障所制定的发展方向和发展内容的正确性。通过针对性服务,为消费者带来良好体验。此外,企业应做好自身宣传,使人们愿意消费,才了解服务的机会,加强自身服务机制,为消费者带来更好的消费体验。区域之间的界限也被打破,加强了各个区域之间的经济往来,服务行业的竞争市场不再是自己的区域,而是自身和周边相关联产业。要在激烈的市场竞争中占据有利地位,企业需要有特色产品和个性化服务,创造属于独特的发展优势。

为了应对当今市场出现的问题,各企业应积极采取相应政策,提升自身服务质量。通过对区域的自然资源、文化资源进行开发和利用,可以提高自身竞争力;各地区可针对区域风貌特征和自然景观进行人文加工,提升附加价值;通过宣传,吸引更多的游客进行消费,增强当地旅游业的贡献。

第二,有效体现新发展理念的发展。服务业发展符合当今时代发展要求,运用新的发展理念对服务业制订具体的发展计划,通过发展高质量服务业,体现当今时代的发展理念,并为人们提供更好的消费体验,提升人们的生活幸福感。

创新理念。当代产业升级主要是以提升核心产品的创新力作为自身竞争的新动力。利用与优势产业相融合的方式,带动新兴产业的发展。由于当今市场存在较多的同质产品,会导致市场缺少创新,大部分的市场还是传统产业占主要部分,只有少部分的新兴产业取得较好发展。服务业在未来的发展要依托创新意识,坚持创新是原动力的发展方向,才可以帮助服务业获得更好的发展空间。真正实现创新,不能只喊口号,要将具体的创新意识落实到实际发展中，为企业发展注入创新力量。做好基础工作，在稳健的基础上开展创新意识的实施。市场的生存法则为优胜劣汰，只有符合时代发展要求的企业才能长久存活于激烈的市场竞争中。创新意识可以帮助企业决策者选择正确的发展方向，并制订符合时代要求和人们诉求的发展计划，使企业在风雨飘摇的市场中占据有利地位。但是最难的是找到企业生存的创新点，通过创新方式为企业发展带来新的生机。一旦企业失去市场竞争力，呈现出区域性的无生机产业群，会导致区域经济受到严重冲击，使各企业之间产生懈怠心理，导致服务质量下降，不利于长期发展，并会对当地的资源产生浪费，导致人们的生活质量直线下降。为了避免这种恶性市场的产生，需要服务行业之间开展各种创新尝试，为市场注入新的活力。行业中的领头产业应当为其他小微产业树立正确榜样，带动整个区域，甚至是周边区域的经济发展及服务质量。发展创新服务需要具备坚定的毅力和长远的眼光，不能只顾眼前收益，需要用长远的眼光看待行业发展。

协调理念。协调产业之间的合理性是发展高质量服务业的基础。通过协调产业发展比重和各产业之间的关系，可以使产业更加健康、长远的发展。协调服务业内部的发展模式和发展形态，可以提升服务业整体质量。将各产业之间进行协调，可以促进产业之间的健康发展，使各个产业获得新的发展动力，进而提升城市的竞争力，对提升国家软实力具有很好的促进作用。让城市各行业实现协调发展，可使城市中的商业发展结构趋于合理。围绕城市中的核心产业进行开发，可加快城市创新式发展；增强城市中各个产业的服务性功能，可使城市商业中心带动周边产业发展。促进城市产业协调发展，需要优化城市中的基础设施建设和人才队伍建设，使其为城市创新发展起到积极作用。经过相关调研发现，一些旅游城市内部由于具备自然资源的丰富性及历史文化的多样性，使旅游服务业得到较好发展，但由于宣传力度不足、交通、通信条件较差，导致旅游业对外发展情况较差。当今服务业服务人员营销能力差、基础设施构建不够完善、缺少独特的品牌产业，这些都是影响服务行业发展的重要因素。对以上问题进行针对性解决，需要提升服务人员的专业素养和技能，加强对基础设施的建设工程，从而为消费者带来更好的消费体验。

绿色理念。在对服务业发展进行探索过程中，还需要兼顾经济效益和环境效益，用可持续发展的观点看待问题。建立绿色、环保、健康的产业发展结构，协调好人与自然之间的关系，保障发展经济的同时，不会对环境造成不可挽回的伤害。对此，需要对服务业发展提出新的要求，促进服务业绿色发展。在开展商业活动时，将保护环境作为首要目标，保障产品生产环节的绿色环保，针对产生污染的部分进行严格管理和监督。此外，政府应当发挥自身职能作用，引导企业和个人发展绿色产业；宣传追求利益时，更需要关注环保的重要思想。当今时代，各国之间和谐发展，环境保护成为时代发展主题，各国之间开始关注环境友好的重要性，针对出行、工业等方面制定了绿色环保政策，加强人们的绿色环保意识。

开放理念。随着我国政府政策的不断发展，开放成为社会发展的必要前提。只有区域之间的联系得到加强，产业之间的关联关系得到紧密结合，才可以发展高质量的服务业。通过开放式的政策，可以为服务业发展注入新的活力，并时刻调整自身发展方式。

3. 我国建设业的高质量发展

目前，我国现代化建设事业蓬勃发展，通过构建建设工程质量政府监管、社会监理、企业自控的监管体系，完善建设工程质量管理法规体系、建立统一有序的建筑市场，完善建设工程质量保险制度、提高建筑技术水平，进一步提高建设工程质量，实现建筑行业高质量发展，具有重要而深远的意义。因此，建设工程质量的提升对策如下：

（1）落实建设工程参建各方的质量责任。根据我国现行的相关规定，参建主体违反工程质量义务时，一般应承担民事责任、行政责任，只有在造成重大安全事故时才承担刑事责任。强化参建主体的法律责任包括：

第一，加强建设工程质量责任立法，明确参与方违法责任。针对参建主体的工程质量违法行为，不仅追究行政责任，还要坚决适用民事责任、刑事责任措施，如提高罚款金额、降低或吊销开发资质证书、扩大刑事责任适用范围等。对承担民事责任不以弥补损失为限，对故意或者存在重大过失造成严重工程质量问题的，应当考虑引入惩罚性赔偿制度。

第二，严格执法，加大工程质量违法处罚力度。为保证建设工程质量监管法律机制的有效运行，应加强施工单位的义务，强化其违法责任。

（2）发挥建设工程监理的质量监管职能。我国工程监理制度设计的主要目标是控制工程项目目标，即控制工程项目的投资、进度和质量目标，这是监理工作的"三大控制"。依据我国现行的相关规定，工程监理作为独立的第三方，应当遵循客观、公正原则。目前，建设工程监理中存在的主要问题是监理方的独立性不足，妨碍其在工程建设过程中的作用发挥。

工程监理独立性缺失的主要原因是监理方与业主之间权利和责任配置失衡。对于这一问题，应加强对业主不充分授权及滥加干涉监理活动行为的规范与限制，促使工程监理与业主间权利、义务、责任配置趋于平衡。具体而言，可以考虑设立工程监理合同的备案制度，加强对工程监理合同的监管。在业主对监理单位的授权问题上，我国现行的相关规定都对保障监理单位的独立性和权利有强制性规定，业主应当依法将这些权利（权力）全面授予监理单位，而不得在委托监理合同中以约定的形式排除法律的强制性规定。

设立工程监理合同的备案制度，将业主和监理单位签订的工程监理合同交由行政主管部门备案，可对监理合同的授权是否充分进行有力监管。对授权不充分的工程监理合同，行政主管部门应履行告知提示义务或执行行政处罚，确保工程监理服务能够得到有效开展，以保证工程质量。此外，可以在相关法规中赋予行政管理部门对业主滥加干涉监理行为的处罚权，并使之操作进行细化，使实行该类行为的业主在承担违约责任的同时受到相应制裁，努力使工程监理与业主之间的权责配置达到平衡。

通过专家责任强化监理单位的独立性，专家责任是广义的侵权责任中的一种，其责任主体因特定领域具有专业知识或技能之人而具有特殊性。专家责任的实质是在侵权行为发生时，避免受害人处于合法权利无法得到保护的困境。在业主与监理单位所签订的建设工程监理合同中，由于双方在工程建设领域对信息和知识的掌握不对称，故业主不会也不能在合同中列举穷尽工程监理一方应承担的各项义务。构建工程监理专家责任、规定监理人员的法定义务，有利于增强监理人员的责任感，强化其地位和行为的独立性，确保业主的工程质量达标。

（3）完善建设工程质量政府监管。建设工程质量政府监管是政府公共管理的一部分，政府对建设工程质量实施监管的过程，实质上是监管机构对建设工程运行各个阶段相关主体之间责任、义务、利益进行调控和协调的过程。我国工程应当从健全政府监管的组织体系、监管机构的定位与职责以及政府监管的制度体系等方面入手，寻求更合理、更优化的监管模式和运行方式。

第一，设置建设工程质量监管的组织体系。组织机构及其体系是实施建设工程质量监督管理的主要因素。建设工程质量监督管理的组织体系，要改变多头管理、条块分割现状，依据统一管理、资质管理、社会化、专业化、形式多样化等予以调整。在统一管理体系上，由住建部门统一行使政府监管职能，以现行的相关规定为基础，设置建设工程质量监督机构，监督人员须经专业考核合格后方可从事工程质量监督工作。工程质量监督机构应当坚持社会化和专业化相结合的原则，组建整合技术、经济、管理等综合知识和经验的复合型团队；同时，在组织体系的具体建设方面，应当保证工程质量检测机构与工程质量监督部门分离。

第二，明确政府监督管理部门的职责定位。政府工程质量监督管理部门应明确职责定位，通过授权执法和监督执法，由符合资质条件的第三方监管机构对建设工程进行强制监督。在监管职责上，政府监督管理机构的质量监管目前主要以建筑物为标的，对建设工程参与各方主体的资质、行为、责任及其落实的监管不充分。为此，建设工程质量政府监管的主要工作内容和职责需要进行调整和转换。将建设工程质量监督从施工环节延伸至建设全过程，包括规划设计、原材料、施工、成本、人员、分段验收、竣工验收等工程建设全过程；强化对建设工程竣工验收的监督，完善竣工验收备案制度，同时对已完工工程质量等级评估进行核验；发挥基层工程质检部门的专业技术优势，加强对重点工程、关键环节和部位的随机性检查。

第三，完善建设工程质量政府监管内容。建设工程质量政府监管制度是保证监督管理规范化、增强监督管理能力、提高质监机构水平和质监人员素质、保证监督工作顺利和高效进行的重要措施。从监管内容看，应当包含监管市场准入制度、工程项目监督委托制度、资质考核制度、业绩考评制度、验收核准制度、全过程控制制度以及业主监督验收制度等。在市场准入上，遵循现行的市场准入资质条件，针对建筑行业中的不同行为，对工程各参与主体进行严格的资质审查。同时，严格建筑行业从业人员的资质管理，通过注册类资质证书、现场管理岗位证书、特种操作工类证书等，对专业从业人员进行资质管理；通过建筑劳务实名制等措施，对建筑劳务用工进行管理，以提高建设工程从业人员的队伍素质。

4.我国制造业的高质量发展

（1）制造业高质量发展的机遇。

第一，现代化经济体系有助于拓宽行业空间。根据各国发展制造行业的积累经验，将传统的企业加工手段向新型现代化方向转变的主要方案，应先建立实施目标。各国制造领域包含的部门都是需要较多劳动力要素投入的加工类型，将其加工模式改造的主要方向应是降低对技术人员要素的依赖性，转而向依靠投入资本和新型信息技术融入的角度开展探索。工业化国家内部各企业的制造方式向现代化模式改造需要，在经济总体收入部分较以往保持同样的增长效率，还需要对加工产品质量状况提出更高要求。在经济结构中增加新型制造模式产业数量，需要各个主体将创新理念和虚拟信息应用技术融入加工技术要素中。

伴随我国城市改造周期的逐步缩短和群众实际经济收入数量的增加，我国社会中群众的现实需求不再停留于对基本生存要素的追求，也使其他种类制造行业有更多发展空间。从我国不同地理位置的群众消费状况来看，我国东部沿海地区的居民实际收入较高，这类人群对生存类物质的消费频率较少，但对享受类的旅游消费有较高的热情度，还会关注新兴电子产品的革新状况，为社会制造行业未来发展方向和模式的调整提供了较多的开发空间。

第二，抢占新兴产业技术制高点，有利于赢得产业创新发展先机。随着新的生产制造方式和加工要素持续出现，我国生产制造行业处于发展模式调整和加工手段转变的时间范围。我国借助自身国内需求市场较大的情况，在社会各产业转变自身加工模式和融入创新要素时，有较强的基础性优势。我国改造加工制造行业发展模式，正是新型信息传播平台不断出现，新的原料性物质代替功能逐渐发挥的时间。加之我国自身具有的消费市场优势，我国技术要素的革新有较大的实施和检验空间。因此，在世界各国就某一行业创新型问题进行广泛探索时，我国应利用我国具有的资源性物质优势和消费市场空间，将我国社会各行业的技术加工方式向更高层次提升。

第三，信息化深入发展有助于推进制造业转型升级。如今，信息要素的传播方式和利用形式持续创新，使各国都有新型的产品制造技术问世和创新发展模式出现。信息应用技术最终成为改造各国加工行业发展模式的主要手段，对原本各国加工各类产品的手段和对产品的销售模式发生根本性调整。

在确保实际经济收入增长率稳定提升的情况下，持续提升加工行业的产出效率和应用技术层次。只有利用好的新型信息技术，持续进行改进，才能使工业发展具有向先进制造业发展的基础。

经过我国多年对信息传播方式的研究探索，对新出现的信息技术应用手段形式创新有较丰富的探索基础要素。我国将国内有较大基数的加工行业向现代化方向转变的需求，使制造业领域对信息技术的开发有较高的实际需要和消费市场。因此，借助各国对信息类技术要素的开发深度逐渐增加，我国可以使传统的加工手段在新理念的融入下呈现出更高效率。

第四，绿色低碳转型有助于推动制造业全面革新。绿色低碳是伴随信息技术应用方式的持续扩充而产生的新型社会行业。在将以往有较高实际经济效益的加工行业向更环保绿色方向改造的过程中，各领域的新应用技术伴随创新理念的开发而不断出现。这些技术目前还处于应用测试和潜在功能开发的范围，在技术内涵解释和应用范围更加清晰后，将会在各国的加工行业中有更深层次的技术融入和发展模式的呈现。在加工制造行业实际效率和经济收入不断提升的情况下，自然可以将绿色和低碳作为未来加工方向转变的引领理念。

将自身技术加工方式附着绿色理念的指引，是许多国家改造加工行业发展模式的主要基点。

（2）制造业高质量发展的思路。在我国经济领域，产品制造状况向更高层次提升时期，必须使经济领域发展模式也逐渐向现代化特征更明显的方向改造。实现制造业的高质量发展是实现国家经济领域发展模式转变和综合国力状态呈现的主要区域。加之我国人民群众实际经济收入的不断提升，需求不再停留于对生存性物质实用价值的追求，转而追求精神层面的消费需求。因此，我国未来阶段加工行业发展模式转变的引领理念，应是在确保该行业带动的实际经济收入稳定状况下，达到对加工产品制造技术和质量方面更高层次的要求。

第一，制造行业的新特点。需要根据国际社会的经济发育状态和历史阶段，预测加工行业未来指引发展模式更新的制造指标。加工生产行业改造调整的行为需要根据不同时代经济领域发展模式变化，有不同侧重点。如今，面对信息化和科学化引领的时代发展现状，加工行业调整产品质量层次的工作应集中于满足不同使用群体独特性的审美判断。此外，借助信息传播手段的创新，使加工信息的收集更加便利。

创新改造加工行业各类生产产品的流程，关注理论科学知识融入加工环节的实际转化效率。同时，需要不断更新加工各类产品的技术要素，关于新生产技术的探索研发应成为下一阶段国家政策支持的主要领域。另外，应对传统类型的加工企业向现代化方式转变发展模式，在确保国家企业实际经济收入的前提下，借技术要素的创新提升企业内部加工生产效率。

针对加工行业未来核心竞争要素的预测结果，调整其生产模式，使不同类型的产业与加工行业之间的联系和带动作用更密切，使加工行业产品质量向更高层次提升的工作任务，应在制造类企业原有的生产要素基础上得到发展。需要重视各行业边界部分的产业形态，在加工行业整体质量水平更高后，带动相关其他行业发展契机的出现，也需明确如今社会环境下对制造加工行业进行改造，同时需要在充分了解产品消费主体实际使用需求和审美层次后入手。

加强我国不同区域位置加工行业的生产流程合作，充分利用不同区域间的核心优势要素，弥补相互之间生产要素的缺口。针对不同区域制造企业的合作项目，应先对各主体的实际工作范围和责任边界进行明确限定。这样，在产品质量或加工效率出现问题时，可及时明确责任主体应解决的问题。同时，需充分了解各区域之间的优势加工要素、制造流程中的缺口和技术要素较差的部分，确定不同区域的主要工作目标和政策扶持领域。

第二，实施改造加工行业产品质量状况的调整理念。①需要考虑改造后的产品实际价值和使用方式是否满足消费群体的新要求。需要在调整各行业产业模式和加工方向行为前，以消费群体对产品使用价值需要的改变作为指引性改造观念，在调整制造行业内部核心生产要素的同时，在产品服务方面进行功能性提升。②针对加工行业产品制造至销售过程的完整体系，提出质量层面的管理要求，需要将传统企业加工模式逐步融入创新理念和信息技术要素的使用中，使其具有明显的现代化特征。在完善产品制造过程中，各主体责任范围的规定和相关链条延伸部分，使加工行业未来产业调整的目标只需要集中于核心竞争型要素的探索、效率的提升和对环境污染度的控制方面。③规定我国内部不同区域在产业加工流程中的责任范围和分工职能，以区域间获得的实际经济效益增加作为指引目标。借助不同区域新型环保性替代物质开发状态和对创新观念理解层次的不一致性，完成挖掘不同区域生产过程中竞争性核心要素。

（3）制造业高质量发展的推进策略。

第一，加快改造和提升传统制造业。主要以改造加工制造行业的生产模式和有竞争优势的核心生产要素为抓手，调整各类社会制造行业的流程运行模式。注意创新理念和新型信息传播方式对加工环节的影响，将加工数据的收集和流程的进展状况结合信息技术手段进行监测。同时，我国应加大独立自主研发的核心优势品牌的开发数量，对消费群体实际需求极少的产品种类和品牌类型给予更新调整或停止生产。对企业加工流程进行调整优化的过程中，还应注意企业制造方式对环境状态的影响。

第二，加强制造业创新能力建设。针对我国加工行业工作内容分配的不同，应对产业链内部各环节进行创新理念改造，借助群众对服务行业现实需求量的增加，创新加工行业之间信息数据记录的平台和传递的方式效率。此外，应增加各类加工制造行业内部有竞争优势的核心生产要素数量，对有创新理念的企业给予理论性知识研究人员的补充和开发资金要素的支持。针对科学成果探索团队，应将其知识成果应用到实际加工行业中，由知识成果带来的实际生产效益，再投入理论科学知识的探索过程。

第三，提升制造业国际竞争能力。加强生产规模较大和制造流程较为完善的企业与产品销售性企业之间的联系性合作。如果可以增强大中型发展规模企业之间的合作，可以借助自身销售模式的独特性和竞争性优势，拓展国外地区的业务范围。因此，要调整加工行业的发展模式和实际经济收入，可以从与其相关的销售环节入手，大力应用信息技术促进营销网络体系建设和完善，全方位开拓国际市场。

第四，促进生产性服务业与制造业互动发展。升级加工环节与后续销售流程之间连接的产品运输过程，将信息技术传播平台和媒介的创新融入产品运输过程中，将原本的产品运送行为从加工方和销售主体之间脱离出来。这样制造行业可以减少无用部分的资金要素和开发精力投入，还可以创新我国内部原本的产业分工状态和流程模式设置。

第五，推动信息化与工业化深度融合。优化信息技术要素的创新成果与制造流程的融合，从设备更新角度扩展至流程系统部分。改变以往只由个别企业不断创新改造的现状，调动更多企业变动自身加工制造模式的积极性和兴趣度。面对信息技术持续更新和承载平台不断出现的情况，需要对企业的制造信息数据和生产技术要素设置保护机制。

第六，提高制造业可持续发展能力。针对现阶段加工制造类企业废弃物质制造量较多的现象，应加大对社会企业加工技术要素环保型的开发力度。以加工行业使用的制造设备和厂区位置确定两部分为抓手，调控制造类企业内部加工环节排放的废弃物质数量和对环境状态的影响。受制于如今加工技术要素的革新速度限制，应对各企业必须排放的污染物质进行精细化处理，尽量将所有污染性较强的废弃物质向可循环利用方向转化。

二、基于经济高质量发展的中国现代职业教育创新

（一）职业教育与经济增长的关系

职业教育与经济增长之间是相互作用、相辅相成的关系，经济的不断发展能够让职业教育拥有更好的质量。而职业教育的不断进步又能够促进经济的快速转型，二者在共同发展过程中会相互成就。向社会输送更多专业人才是职业教育的目标，职业教育不仅有着比普通教育更强的针对性，它还能直接对接生产力。在进行专业人才培养时，职业教育通常会要求受教育者将理论与实践相结合，在实践中运用所学的理论知识。

职业教育在面对不同的受教育者时会采取不同的教学方式，让受教育者最大限度地满足社会对人才的需求。职业教育通过提高劳动生产率的方式不断推动经济的发展，劳动力是生产力的重要组成部分，想要获得更高的生产力，就要不断提高劳动生产率。在提高生产力的过程中，职业教育可以帮助相关人员将自身所学的知识转化成生产力，进而促进经济的快速发展。

（二）职业教育人才供给的提升策略

1. 提升人均受教育水平，提升人力资本的质量

人均受教育水平越高对经济增长越有利，教育人力资本的水平在很大程度上关乎着经济增长的速度。只有不断提高人均受教育水平，才能不断提升人力资本的质量，进而促进经济增长。此外，我国不同的地区有着不同的经

济发展水平，而要想保证地方经济的平衡发展，就可以从提升人力资本质量入手。

人力资本质量在促进我国经济发展、实现我国经济增长方面发挥着重要作用。从对经济增长的影响程度看，人力资本水平明显要高于物质资本水平。教育人力资本水平不仅涉及义务教育的普及程度，还涉及人均教育年限。因为人力资本水平与经济发展之间有着密切联系，所以要想促进经济的快速增长就必须不断提高教育人力资本的水平。个人、政府以及家庭等对教育做出的投资就是人力资本投资，这些投资是形成人力资本的基础。政府在出台相关政策时不仅要将更多的财政支出用在人力资源上，还要引导个人和家庭提高对人力资本的投资，进而让各个区域都能够有越来越好的人均受教育水平，保证不同地区在经济上实现协同发展。

2. 提升职业教育办学层次，增加人力资本的范围

人力资本越多，经济增长就越快。要想获得更多的人力资本，推动经济的快速增长，除了要积极进行职业教育，还要让职业教育拥有更高的办学层次。我国的职业教育人才并没有平均地分布在各个地区。因此，要想让各地方经济实现协同发展，就要保证职业教育实现均衡发展。

职业教育基本上是为就业提供服务的，它提供的教育或培训非常有针对性，能够让受教育者拥有某种职业的专业技能和知识。相比于中等职业教育毕业生，高等教育毕业生对经济增长的作用明显更为突出。接受过高等职业教育的学生是能够满足社会发展需求的，因此他们在经济增长过程中发挥的作用要高于中等职业教育毕业生。为了让社会对人才的需求得到尽可能的满足，应在原有的基础上对职业教育有更进一步的投入，同时建立健全的教育衔接制度，让职业教育的办学层次覆盖到专科、本科和研究生，进而培养出更多高质量的技能型人才。

3. 保证人人皆可教育，促进职业教育人力资本的均衡发展

我国的教育制度一直处在不断完善的过程中，人均受教育水平也越来越高，但除了要保证职业教育拥有高质量的人力资本，还要保证每个人都有平等的教育机会。这样才能最大限度地帮助教育落后的地区，使其拥有更高的教育水平和人力资本，从而促进地区经济的快速进步与发展，实现地方经济的协同发展。空间溢出是人力资本自带的效应，当经济结合人力资本的空间

溢出效应之后就会减小地区经济的差异。为了帮助教育落后的地区，政府除了可以加大相关地区的财政支出力度，还可以采用转移支付的方式提高贫困地区的教育水平。只有让职业教育得到快速的进步与发展，才能将更多优秀的人才输送给社会，进而不断提高经济社会发展水平。

（三）高质量发展下现代职业教育与地方经济增长的共赢

随着科学的不断进步与发展，地方经济和职业教育处于相辅相成的状态下。地方经济的快速发展不仅离不开地方职业教育的发展，还需要职业教育提供人才以及技术，以此来推动地方经济的发展。因此，地方经济和职业教育二者相互协作，让人们认识到职业教育给生活带来的影响，更好地推动地方经济和高等教育共同发展。

创新服务于地方经济的现代职业教育创新策略如下。

1. 发挥政府的引导职能

对于地方之间教育机制的构建，国家和地区都出台了相关的文件，主要就是在构建职业教育的过程中，所有的课程以及教学方案都听从教育部的安排。为了更好地促进地方经济的发展，地方教育机制可以根据地方需求的变化进行相应的改变。

各地教学机制的构建都是通过上级的制度来完成任务的分配，再由省级政府合理地分配地方的教育资源。由此可见，相关主体培养的人才就要适应地方经济的发展，对职业教育的宣传工作要加大力度，让大家更加了解其作用和意义，进而得到社会的认可。

地方企业对区域职业教育发展起着至关重要的作用，只有当其参与到构建的过程中，才能更快地推动学校和企业之间、学校和社会机构之间的共同合作。地方职业教育部门构建的主体不仅是各级政府，还有相关的职能部门，其主要目的就是监督职业教育政策的落实情况，进而提高当地的教学质量。各级政府具有主导作用，不仅将资源优先分配给本区域的职业院校，还建立了社会与院校之间互动的平台，创新了学校和企业合作的形式，引进了更多科研项目，在一定程度上推动了联合办学的开展，使职业教育更加规模化、市场化，这样更有利于地方经济的发展。

2. 科学定位职业教育的发展目标

职业教育机制的构建不仅要适应时代和社会的发展，还要保留地域职业教育的特点，因此，设置的办学目标要符合地域产业以及经济的发展。为了更好地构建职业教育机制，构建主体要积极投身企业进行一系列的调研，目的在于更好地了解企业存在的问题，进而设立培养人才的方案，为企业的发展贡献一份力量。以此为目标，地方职业学校要认真落实以下方面的工作。

（1）建立专属的双教师队伍。在多样化的鼓励方法下，越来越多的高技能人才来参加职业教育教学活动。通过不同的激励政策，可以更好地调动技能型人才参与职业教育教学活动的积极性，更有利于培养学生的职业素养以及技能，提高教学质量以及教学水平。

（2）积极与当地各个机构进行合作，进而达到信息的共享。从企业的角度来看，职业院校具有教科研资源以及学习资源，如果能和院校进行合作，更有利于企业未来的发展，因此院校要合理利用这些资源，使其最大限度地发挥作用。通过资源的共享，可以及时有效地掌握企业最新的经济状况以及发展需求，更快地捕捉到市场需要哪方面的人才，以最快的速度调整教学机制，使培养的人才满足市场的需求，进而达到双赢的状态，为长期的合作奠定了坚实基础。

（3）地方政府部门不仅要监督地域职业教育体系，还要监督人才培养、学生就业、教学评价以及课程教学等方面。除了做好以上几个方面，还要大力发展地方职业教育的特色，在政府帮助下，切实落实国家政策，更好地构建具有地方特色的职业教育体系，有利于地方职业教育的发展。

第四节　数字经济时代下的职业教育

一、数字经济时代职业教育的机遇

（一）数字经济的普遍共识与蓬勃发展

1. 数字经济发展的支撑技术

数字经济[1]通过信息技术来引导经济活动，利用数字技术改善经济环境，参与经济活动，创新经济模式，充分发挥经济动力。在这个过程中，企业、消费者和政府之间的交易迅速增长，因此数字经济创建了一个企业和消费者双赢的环境。

就我国情况而言，数字经济已经成了我国经济高质量发展新引擎，是未来发展的关键增量。大力发展数字经济已经成为世界各国的普遍共识。我国要真正实现数字经济的发展，就必须注重技术人才和技能人才的培养。这是数字经济时代的"刚需"，也是发展数字经济的关键所在。而作为嵌入数字经济中的职业教育，需要创新教学模式与方法，提高课堂教学质量。这样不仅能够促进职业教育更好地发展，也能够为我国数字经济做强做优做大助力。

（1）5G。5G是指第五代移动通信技术，具有"超高速率、超低时延、超大连接"的特点，是未来信息基础设施建设的重要组成部分。它可以进一步提升用户的网络体验，满足未来万物互联的应用需求，是各行各业数字化转型与升级的重要途径。

数字经济是经济增长的新引擎，而5G则是数字经济时代的新引擎，可以把5G网络看作一把钥匙，它能够帮助人们解锁原先难以数字化的现实场景，让数字技术以更小的颗粒度重塑现实世界。5G的商业普及推动了万物互联化与数据泛在化。由此可见，5G新动能架起了桥梁，打通了产业鸿沟，成为数字经济时代的加速器。

---

[1] 数字经济是劳动者运用数字技术，创新数字产业和融合国民经济各产业，创造数字产品和其他产品的价值创造活动或经济形态。

第一，5G 的功能特征。5G 无论在网络速度还是网络容量方面，都有了质的飞跃与提高。具体而言，5G 具有速度更快、功耗更低、时延更短、覆盖更广的特征。①速度更快。5G 时代的极大优势即网络速度，5G 克服了 4G 网络带宽小、速率低和高延时的瓶颈，用户感知"弹指千年"的速度。②功耗更低。智能产品、物联网服务的普及离不开能源与通信的支撑，而能源的供给更多依赖电（电池），故通信能耗的降低是"重头戏"，而 5G 是这个"重头戏"的主角。③时延更短。超低时延是 5G 的重要特性，这是远程医疗、在线教育、财会管理等对网络时延和可靠性的高品质要求的结果。3G 时代端到端的时延约几百毫秒，4G 时代端到端的时延约为 10 毫秒，5G 网络端到端的理想时延为 1 毫秒。5G 实质上是以相关技术为驱动，从人与人、人与物、物与物的连接延伸到万物互联。④网络覆盖广。5G 网络将全方位覆盖社会生活，主要表现为广度覆盖，指 5G 网络能够覆盖人迹所至的地方，包括偏远地区、丛林峡谷区域；纵深覆盖，指 5G 网络可以对移动通信质量（如信号不稳定等）进行更高品质的深度覆盖。

第二，中国 5G 产业链日趋成熟。我国在 5G 网络建设和应用实践方面基本处于世界领先水平，以 5G 为代表的新基建投资将成为我国经济的新增长点。5G 突出的性能目标是高速率、低时延、大系统容量及大规模的设备连接。基于 5G 以上特性，原本需要固定带宽支撑才能实现的应用，可通过无线通信得以实现，从而提升外部场景输出效率，促进数字科技的远程精准输出和实时精细支持，营造便捷高效的开放生态。我国在 5G 网络建设和应用实践方面，基本处于世界领先水平。

（2）区块链技术。近年来，区块链技术创新和应用发展越来越受到各方的重视，许多行业纷纷加入区块链应用的浪潮中。但我们更应该清醒地认识到，一方面，我国区块链技术的行业应用要结合国情，走出一条具有我国特色的产业化道路。与欧洲等发达国家利用区块链开发数字货币不同，我国产业门类足、细分行业多，存在许多区块链应用的天然场景，区块链行业应用具有无限的想象空间。另一方面，要认识到我国区块链技术的发展还处于探索和研究阶段，其深入推广应用仍需要经历一段整合和发展过程，需要产学研各方的共同努力和参与。

随着区块链技术的不断完善和产业应用场景的日趋丰富，其发展蓝图将越来越清晰，前景将越来越广阔。

第一，区块链行业标准和监管政策将逐步完善。①抢占区块链行业标准的战略高地是争取技术话语权的重要手段。具体来讲，通过行业协会牵头，依托产业联盟，加快区块链行业标准落地，推进建设政府主导制定和市场自主制定协同配套的标准体系。积极参与国际标准化组织、国际电信联盟等国际机构的工作，参与国际区块链标准的制定，推动国内优势技术转化为国际标准。推动企业、科研机构、高校等共建区块链核心技术攻坚平台，加大研发力度。②区块链的监管将日益严格和规范。一是区块链行业的立法进程将加快，这也有助于填补监管缺失的真空地带。二是区块链监管的边界和底线更加明确，比如黑名单制度将有助于规范区块链行业应用的范围。三是区块链的监管制度将逐步出台，通过试点进行总结、规范和推广，将是区块链监管的重要实现方式。

第二，区块链与其他技术的深度融合将是大势所趋。区块链技术本身就是各种已有技术的融合，要想利用区块链技术取得更好的效果和获得更多的收益，与其他技术结合是最好的选择。区块链、云计算、大数据、人工智能等，实质上是"算法＋数据"的体现，因此，相互融合是必然趋势，这些技术将共同构成新一代数字科技的基础。

区块链与物联网结合。物联网技术经历了多年发展，已经日益成熟。无论是在生产制造车间、道路交通运营还是居家生活领域，都能看到各种物联网设备的身影。物联网设备实时采集的信息也被广泛应用于各种监控、计算和预测场景中。这种功能很适合与区块链技术相结合，用来解决区块链上链数据真实性的问题。物联网设备提供的信息具有客观、实时、错误率小、无人为干预的特点，可以有效解决区块链上链信息真实性的问题，为区块链在场景中的应用提供了有效解决方案。

区块链与大数据结合。我国大数据技术和应用已经发展多年，虽然原始数据资源非常丰富，但数据分享与交换广泛存在壁垒。区块链是全历史、全网记账的分布式数据库存储技术，因此随着应用的迅速发展，链上的数据规模会越来越大。同时，结合产业数字化的应用，链上的数据不再局限于一个企业的业务数据，而是慢慢积累为整个产业的数据。随着链上应用场景的不断延伸，数据也将极大丰富，形成真正意义的大数据。数据如何在保护隐私的情况下进行共享，也是制约大数据应用发展的重要因素。区块链利用密码学技术，将原始业务数据进行哈希加密处理和脱敏处理，再利用其他密码学算法，如多方安全计算、差分隐私、同态加密等，在不获取原始业务数据的情况下进行运算，直接得到运算结果，从而解决数据共享中的信息安全问题。区块链技术的不可篡改、透明、可追溯的特点都有助于大数据的数据质量的提高，让更多数据被分享、挖掘、利用，推进数据的海量增长，实现其真正的价值。

区块链与人工智能结合。一般来说，传统的商品溯源有二维码、近场通信（NFC）和芯片加密技术。如何确定实物唯一性是行业普遍面临的难题。区块链与人工智能的结合为这一问题的解决提供了新的思路。比如在普洱茶的溯源问题上，通过引入图像的识别和匹配算法，将人工智能与区块链进行结合能够有效解决这一难题。茶的制作经历了称重、蒸茶、制成茶饼等一系列过程，每一个普洱茶饼在压制过程中都会形成一个随机纹路，这个随机纹路就像动物的DNA（脱氧核糖核酸）一样是唯一的。这一过程可以进行记录，当新的茶饼制成后，可以对茶饼进行匹配，最终可实现茶饼溯源、防伪和数据不可篡改。人工智能技术可用于获取茶饼独一无二的纹路特征，而通过将追溯码录入信息写入区块链，可实现不可篡改，最终将外包装的二维码和茶饼纹路的ID进行二码合一，解决溯源问题。为满足区块链大规模应用，通过深度学习图像识别和局部特征匹配技术，在对茶饼进行评价时，在十万分之一的误差率下，茶饼匹配成功率达到了99.5%，注册成功的茶饼也获得了自己的"身份证"。当茶饼注册成功之后，通过人工智能图像采集和产品查询匹配，最终可以得到茶饼ID、区块链数字证书等信息，起到防伪溯源的作用。

第三，区块链服务网络的引入将有效降低联盟链的部署成本。区块链服务网络（BSN）为开发者提供公共区块链资源，降低了区块链应用的开发、部署、运维、互通和监管成本，从而使区块链技术得到快速普及和发展。目前，由国家信息中心、中国移动、中国银联等机构发起的区块链服务网络正式上线和开始内测，内测结束后将进入商用阶段。可以预见，BSN的建立不仅能够降低联盟链的部署成本，而且会极大地推动区块链行业应用的进程。

第四，数据安全治理的关键作用日益凸显。区块链可以使数据低成本高效率地实现确权、流转、交易，进而实现数据的有序共享和价值分配，构建数据要素市场，对于我国发展数字经济具有重要的现实价值。但区块链技术在提高效率、降低成本、提高数据安全性的同时，也面临严重的隐私泄露问题。隐私保护将成为区块链技术创新和行业应用的又一大热点，混币技术、环签名方案、同态加密技术、零知识证明等可在一定程度上用来解决隐私保护方面的问题，但这些技术仍存在优化空间。下一阶段，关于区块链数据隐私保护的技术方案将逐步成熟完善。

（3）人工智能技术。

第一，人工智能OCR（光学字符识别）技术。OCR是将任何手写或打印的图像转换为可由计算机读取编辑的数据文件。OCR技术通过扫描纸质的文章、书籍、资料，借助与计算机相关的技术将图像转换为文本，达到提高工作效率和改善文本存储能力的目的。OCR技术可以分为传统OCR技术方法和基于深度学习的OCR技术方法。除了OCR之外，文档图像分析和识别（Deeper Application Recognition，DAR）与场景文字识别（Scene Text Recognition，STR）是文档图像处理领域更宽泛的概念。前者针对文档的图像识别与处理；后者针对自然场景中文字的检测与识别，是OCR的重要分支。随着技术的不断发展，OCR的内涵也在不断拓展。相比于传统的OCR技术，基于深度学习的OCR将繁杂流程解构为两部分：一是用于定位文本位置的文本检测，二是用于识别文本具体内容的文本识别。

第二，"OCR技术+智能会计"的融合应用。OCR文本识别技术在会计业务上的应用，主要是进行凭证识别，如增值税发票识别、支票识别、银行票据识别、营业执照识别等。融合大数据、人工智能、云计算等新技术，OCR文本识别技术识别并存储纸质资料，拓展会计数据来源，丰富完善数据维度，降低企业内部风险，提高财会服务水平。

拓展财会数据来源，丰富完善数据维度。在工作实践中，OCR工作主要流程环节涵盖待识别数据导入、OCR识别模块、识别数据存储、财务应用。OCR辅助财会系统输入图像，对图像进行降噪处理，校正倾斜与变形部分，将图片发布到图形通道；OCR识别模块获取处理后的图片并进行预处理；OCR进行文字检测，对文本进行分隔与文字分隔；进行OCR文字识别并发布到文字通道，对财会模块中的数据进行持久化存储；开发数据应用接口供财会平台分析使用。随着数字化财会平台的建设，智能化会计模式已经形成。以电子发票为例，传统财会模式下，人工甄别很难在众多资料中发现两张发票存在同样内容（如发票识别号），把 OCR 技术应用到智能会计中，可将所有业务活动电子化以建立数据库，实现了重复筛查以全面反映财会问题。另外，还可以依靠辅助系统提取会计数据进而建立模型，大大拓展了数据来源，丰富完善了财会数据维度，"点"或"面"的数据系统升级为立体式会计平台模型，从而构建业财税管一体化的财会立体架构。

促进会计核算模式革新，加快企业财务转型升级。当前企业生产经营强调信息的综合性、信息颗粒度的精细化、反馈时间的实时化，倒逼财务融入业务，由事后监督转向事前预测、事中控制、事后监督一体化。OCR 融合 5G 技术助力业财融合、实时核算、精益管理，为经营及业务管控提供全面、精准、智能的决策信息。作为世界知名 500 强企业阿米巴经营，借助数字企业的智能财务进行业务系统和财务系统融合，从业务源头进行数据处理形成会计账簿并得出分析报告，实现了阿米巴预算核算一体、阿米巴内部交易、业务财务一体，将"大企业做小，小企业做活"。

提高财会服务水平，降低企业内部风险。文本信息是互联网资源的主要组成部分，文本正以指数级数量不断翻番。引入 OCR 技术，融入自然语言处理（NLP），在很短时间内提供更多有价值的信息，不仅提高了业务财务的自动化水平，而且提高了财会工作效率。利用识别技术进行信息加工、数据存储、知识挖掘、平台利用，不断地优化企业的工作流程，大大降低了运营管理成本。将结构化数据、半结构化数据转换为可识别的文本数据，开放业务财务数据的接口服务，提高了用户体验效果，提升了财会服务质量。基于财务大数据，OCR 结合物联网、机器学习算法，建立智能分析模型，"观察"大数据集合，从无到有"创造"财务信息，从有到精"发现"业财规律，构建智能会计系统，转变会计核算职能，降低企业内部风险，赋能企业创造价值。

第三，人工智能机器学习技术。人们对机器学习和深度神经网络这两个密切关联的领域研究已经持续了几十年，机器学习是人工智能领域最能体现智能的分支。从历史上看，机器学习是人工智能发展最快的分支之一。以机器学习技术为核心的人工智能，推进智能财务平台建设，通过深度学习与进化计算，按业务驱动财务、管理规范业务和数据驱动管理推进，实现大共享、大集成、大数据和大管理。

机器学习的定义与类型。机器学习是一个研究领域，让计算机无须进行明确编程就具备学习能力。按照是否在人类监督之下进行训练，机器学习分为五个主要类别。①监督学习。监督学习是指提供给算法的包括所需解决方案的训练。②无监督学习。无监督学习是指训练数据都是未经过标记的，系统会在没有"老师"的情况下进行训练。③半监督学习。半监督学习是无监督算法和有监督算法的结合，是指处理部分已经标记的数据。④强化学习。强化学习是指自行学习什么是最好的策略，它的学习系统（智能体）能够观察环境、做出选择、执行动作，从而随着时间的推移获得最大回报。⑤深度学习。深度学习多采用半监督式学习算法，是对人工神经网络的发展，通过多层非线性信息处理结构化模型，因其可自动提取的特征，更适合处理大数据。

机器学习的方法。①统计分析。统计分析是机器学习的基本方法，是指对信息进行搜集资料、整理资料、量化分析、推理预测的过程。例如，进行财务预测、市场分析、文本识别等，都与统计分析关系密切。②高维数据降维。高维数据降维是指采用某种映射方法，降低随机变量的变量，主成分分析是最常用的线性降维方法。例如，将数据从高维空间映射到低维空间中，从而实现维度减少。③模型训练。模型训练是指建模后的数据收集与机器训练过程，实现训练过程的可视化、模型保存与数据应用。例如，某些社交网站会给用户提供好友分组或标签标记的功能，其实这些标签就是用户的标志，用户通常不知道自己在为公司提供免费标记服务。④可视化分析。可视化分析是指利用人类的形象思维将数据关联，并映射为形象的图表的一种数据分析方法。

第四，全球人工智能产业进入快速发展新阶段。随着人工智能对于产业数字化与智能化的重要性日益凸显，全球各国在人工智能方面的顶层政策倾斜力度持续增加。从具体措施来看，我国主要通过提供大量的项目发展基金、人才引入和企业创新等政策支持，加强人工智能的技术研发与产业融合应用。在国家和地方政策扶持驱动下，人工智能已经成为我国新基建的主要支撑，人工智能与产业融合发展的程度日益加深。

科技企业着力打造人工智能产业应用新生态。以人工智能、云计算、大数据等为代表的数字科技带动的新经济，已成为全球经济发展的重要方向。全球科技企业借助强大的技术创新积累优势，积极布局人工智能产业生态链，释放人工智能在新一轮产业变革中的强大驱动作用，催生了大量新业态、新模式和新产品。早期的跨国大型科技企业充分发挥其强大的资源整合能力与持续创新功能，在人工智能底层技术研发与应用产品实践领域进行了大量有益的探索。近几年，智能机器人、无人机、智能硬件等消费终端逐渐走向成熟，自动驾驶、智慧医疗和智慧金融等产业融合场景不断丰富，也为人工智能走向大规模商业化提供了重要窗口。人工智能产业浪潮从幕后大步走向台前，催生了一批产业人工智能新生态。视觉测温系统、智能外呼机器人、无人配送车等无接触智能化软硬件应用不断涌现，人工智能技术在教育、服务行业、农业、工业等多场景的应用加速落地。

依托大数据、物联网、5G、云计算、区块链等前沿数字科技的长足发展，以机器学习算法、计算机识别、自然语言处理为代表的人工智能技术取得显著进步。在计算机视觉、语音识别、机器翻译、人机博弈等方面可以接近，甚至超越人类水平。与此同时，机器学习、知识图谱、自然语言处理等多种人工智能关键技术，从实验室走向应用市场。

第五，人工智能关键技术多元化发展。机器学习算法奠定人工智能技术核心逻辑。机器学习是人工智能的核心，主要帮助计算机模拟或实现人类的学习行为，获取新技能，重新组织知识结构改善性能，是计算机走向智能化的根本途径，也是深度学习的基础。目前，机器学习算法已经有广泛的应用，比如电商平台的数据挖掘与分析、生物特征识别、搜索引擎、医学诊断、智能反欺诈、证券市场分析等领域。机器学习算法可以实现基于交互的深度用户理解，在电商平台的应用较为普遍。机器学习技术通过将用户交互信息（点击、购买、浏览、搜索、加入购物车、下单等）在时间轴上展开，利用Transformer（一种深度学习模型）机制，通过用户历史交互信息，预测未来的交互，生成高维交互用户嵌入。深度学习作为机器学习中一种基于对数据表征学习的有效方法，具有出色的处理复杂任务的能力，可以推动自主无人系统技术落地，使无人货运、无人机以及医疗机器人等得到长足发展。机器学习技术也广泛应用到户外广告的营销数字化建设中，通过搭建楼宇数字媒体平台，让户外广告投放实现内容的线上审核与监测，并且将边缘计算能力和人机互动人工智能算法内置到数字化广告智能屏幕设备中，让线下广告的展现形式不再单一，大幅提升广告主的曝光量和转化率。

计算机视觉技术赋予机器感知能力。计算机视觉技术是利用计算机替代人类视觉，发展信息提取、处理、理解，以及分析图像和图像序列的能力。其中，人脸识别技术的应用最为广泛，应用场景主要集中在工业生产、智能家居、智能安防、虚拟现实技术、电商搜图购物、美颜特效等领域。人脸识别技术可以通过多场景、多任务、标准化人脸图像输入，实现参数共享，有助于解决不同场景重复 ID 的问题，提高模型更新迭代效率。同时，通过搭建"多场景联合训练＋跨场景对抗训练"的人脸识别训练框架，在只有少量标注数据的情况下，可以训练出高准确率、跨场景识别的人脸识别模型。人脸防伪在工业界 3D 技术日益成熟的背景下，也在金融风险控制场景中起到重要作用。基于互联网行业大量的数据积累和训练，目前的人脸防伪技术可以通过多模态人脸防伪的数据集，有效抵御 3D 打印、视频、图片、面具、头套等各种人脸攻击，准确率达到金融级别的安全标准，作为金融科技的重要组成部分，在金融业得到了广泛的推广应用。

自然语言处理实现高效人机交互。自然语言处理（NLP）技术是一门集语言学、计算机科学、数学于一体的科学，主要研究实现人与计算机之间的自然语言交流与信息交换的技术和方法。实现人机交互是人工智能、计算机科学和语言学等领域共同关注的重要问题。目前，自然语言处理技术在机器翻译、文本分类与校对、信息抽取、语音合成与识别等领域已经取得了一定成效。在国内，人工智能合成语音机器人正成为营销机器人场景落地的重要契机，主要利用端对端语音合成、视频生成、人脸 3D 建模及微表情控制等人工智能虚拟数字人技术，通过获取目标人物少量的视频、音频素材，合成该人物逼真生动的讲话视频，打造大批量、低成本、定制化视频制作的全新模式。这种真人讲解短视频的形式，也进一步丰富了金融零售领域优质内容的呈现方式，触达有不同浏览习惯的新用户群体。同时，语音识别与人机交互技术也成为我国人工智能技术出海的重要领域。命题文本合成被认为是自然语言处理领域最难的一个技术课题，短文合成机器人的问世恰恰解决了这一难题。该项技术的关键在于大规模语料训练出基础的 Transformer 深度模型，以及全局和局部条件控制，以保证文章的整体逻辑线以及生成的文本语法通顺。目前，借助短文合成机器人，只需给定文章主题、题目和一些关键词，就可以生成紧扣文章主题、符合人类写作逻辑的文章，包括商品带货文章、资管日报、股市评论、新闻报道，未来有望发展成营销文章的智能写作助手。

海量数据是产业人工智能不可或缺的支撑要素。作为人工智能技术底层逻辑中不可或缺的支撑要素，海量数据是人工智能算法在各行各业多场景应用的关键原料。互联网浪潮下，全球海量数据爆发式增长，使人工智能数据处理更加高效。数据量越大、越精准，人工智能算法训练后获得的模型就越智能化。

人工智能开放平台贯通技术开源产业链。人工智能的发展离不开开放的生态。近年来，受益于大量的搜索数据、丰富的产品线以及广泛的行业市场优势，国内外的科技巨头开始加快布局人工智能开放平台，打造开源的人工智能工具。人工智能开放平台通过聚合人工智能研发企业，降低人工智能的技术门槛，让创业者都享受到人工智能技术进步所带来的红利，也有助于连接各行各业的产学研机构，构筑完整的产业生态，大幅提升产业数字化进程中的生产效率，加速推动人工智能产业化进程。目前，我国涌现出一批人工智能开放创新平台，覆盖自动驾驶、城市大脑、医疗影像、智能语音、智能视觉、智适应教育、智能零售等众多实体产业应用场景。

2. 数字经济的变革

（1）数字经济突破原有的产业结构与边界。当前数字经济发展的一个显著特点是数字化进程从需求端逐渐向供给端渗透，在这个过程中原有的产业结构正在发生变化，产业边界变得模糊，产业融合成为主要趋势。随着需求端数字化转型的深入，第三产业的比重不断提升，服务业的数字化已经形成良好的扩展复制基础，正逐步实现跨行业、跨地区的发展融合。

需求端的数字化转型也在推动供给端的数字化转型和升级。农业、制造行业等传统行业在发展理念和模式上发生了巨大变化，从注重产品转向产品、服务并重，从生产、技术驱动转向客户需求驱动，从独立式发展转向融合型发展，从分散的资源配置到高度融合的资源协同等。随着传统行业数字化进程的推进，原有的产业边界将更加模糊，产业结构将不断优化。

（2）数字经济引发生产要素的变革。数字经济的一个重要特征是将数据纳入主要生产要素。信息和通信技术 [1]（ICT）的发展以及信息系统在各行业、各领域的普及引发了数据量的爆发式增长，数据所蕴含的价值受到越来越多的关注。随着数据获取、存储、分析等相关技术的不断发展，大数据在诸多领域走上了产业化发展道路，数据与传统土地、资本、劳动力等关键要素的关系也成为数字经济发展中需要探讨的重要问题。

（3）数字经济成为经济增长的新动能。数字经济成为引领经济增长的新动能，这已经是不争的事实。ICT 产业经历了飞速发展，成为创新最活跃的领域之一。数字经济不仅在生产函数上表现出规模报酬递增的特点，其技术进步的速度也比工业经济下的技术进步快得多，因此在经济增长上也有更好的表现。除了 ICT 技术本身的发展，ICT 与传统产业现有技术的融合也极大地促进了这些产业的技术进步，进而提高了传统产业的附加值和生产效率。例如汽车制造、机械电子等传统制造行业，都在积极尝试将最先进的 ICT 技术运用于生产、销售等各个环节。

（4）数字经济重塑经济组织方式与生产管理体系。数字化进程中的经济组织方式与传统工业化进程中的经济组织方式相比发生了重大变革。其中最突出的表现是，以互联网为基础的高新科技发展使企业间的信息流通和交易过程更具效率，交易成本显著下降，通过网络实现经济活动的再组织过程显得比任何时候都要方便、快速且成本低廉，企业间的关系通过互联网平台形成新的分工和结构，生产管理体系趋于平台化和生态化。

工业经济时代的生产管理体系注重建立"科学的管理方式"，福特公司的汽车生产流水线就是一个典型代表。而数字经济时代则更加注重"生态"的建设，平台管理方、硬件生产商、软件开发商、用户等，都是这个生态中不可或缺的一方。总体来看，作为一种新的经济形态，数字经济对传统经济下的增长模式、产业结构、组织模式、政府管理等产生了深刻影响。如何发挥好数据这个关键生产要素的作用，需要我们对数字经济及其发展趋势建立更加全面的认识和了解。

总之，数字经济的发展将是促进信息技术软硬件产品产业化和大规模应用、提高关键软硬件技术创新和供应能力的重要手段。数字经济中基于技术

---

[1] 信息和通信技术是信息技术与通信技术相融合而形成的一个新的概念和新的技术领域。

进行的资源配置的协调和高效，构成了数字经济的本质。

（5）数字经济催生就业形态和结构升级。就业是最大的民生，数字经济对就业的冲击是近年来全球关注的热点和研究重点。每一次产业和技术革命都会对就业带来巨大冲击，部分工作岗位会被替代，但也会创造出新的、更多的就业岗位。我国数字经济的快速发展，使企业的生产组织方式和人们的生活方式也随之发生了变化，从而催生出多种新就业形态。

第一，新就业形态是更加灵活的就业模式。新就业形态是相对传统上需要与企业签署长期劳动合同、工作场所和时间固定的工作而言的更加灵活的就业模式。新就业形态能够增加社会福利，为各参与方创造价值，成为越来越多的企业的选择。

对参与新就业形态的劳动者来说，新就业形态创造新的就业岗位、降低了就业门槛，意味着能够更容易地找到工作，自己未被充分利用的物质资本和人力资本得到更充分的发挥；同时更加灵活的用工方式和工作场所，让劳动者可以更自由地支配自己的时间，也减少了上下班通勤中大量的时间和体力成本。对采用新就业形态的企业来说，可以增加用工的灵活性，降低办公场所的租金和用工成本，突破企业边界、更大限度地利用企业外部的人力资源，带动运营效率提高和企业成长。对接受灵活就业生产的产品和服务的企业和广大消费者而言，由于市场上产品和服务的供给更加充足和丰富、价格更低廉，扩大了选择范围，带来了便利，减少了支出。

数字技术之所以能够支持新就业形态的出现，是因为数字技术提供了便捷的生产力工具、高效的连接方式和畅通的沟通渠道，从而降低了就业门槛、解决了信息不对称和高信息成本问题。

第二，数字技术提供了便捷的生产力工具。笔记本电脑、手机、平板电脑的性能快速提高，成本不断降低，从而走向普通大众。这些智能终端不仅是提供日常娱乐功能的消费电子产品，而且可以作为撰写文章、编写代码、开发设计、视频拍摄制作、获取订单等生产性活动的生产力工具。这些兼具消费和生产特性的智能终端具有简单易用的特点，普通人也能够利用它们成为产品和服务的生产者。

为了进一步方便普通人在互联网平台上开展社会化众包众创、社交媒体、短视频和直播、电子商务等活动，互联网平台企业还开发了易学、易用的软件或工具包，极大地降低了灵活就业的参与门槛。例如，图文分享、视频拍摄 APP 都提供了强大的图文、视频编辑功能，让普通人也能做出高质量的文稿和视频。以前的软件开发工作门槛高，需要经过长期培训的软件工程师来完成，但是他们缺少对应用场景的了解。现在，借助互联网云平台提供的简单易用的开发工具包和强大的云端算力，即使软件开发零基础的人，也能够经过短期的培训掌握 APP、小程序开发能力，让熟悉应用场景、有创意的人与软件开发者合二为一。

第三，数字技术可以实现高效的数字化连接。我国数字基础设施的覆盖率处于世界领先水平，为高效的数字化连接打下坚实基础。20 世纪 90 年代到 21 世纪的第一个十年，依靠广泛覆盖的光纤和移动通信网络，我国互联网用户数高速增长，网络论坛、社交网络、电子商务吸引了数以亿计的用户。未来，无处不在的传感器可以将生产设施、零部件、人、产品、数据、服务等需要连接的万物实时连接在一起，进一步推动商业模式、就业形态的创新。

第四，数字技术可以打造畅通的沟通交易渠道。互联网平台是信息的枢纽，商品和服务买卖双方借助泛在、实时连接的信息网络，可以及时发布商品和服务的需求信息。用户通过平台提供的搜索引擎进行信息检索，平台也可以利用智能化的算法，对供需信息进行匹配，极大地降低了交易成本、提高了交易效率。例如，当乘客向网约车平台发送叫车需求后，平台通过 GPS 定位和移动网络采集的数据确定用户周边空驶的网约车及其位置，并通过智能算法筛选出最近的车辆并向其发出接单指令。互联网平台提供的视频会议、文档共享、协同办公等功能，能够使分布在不同场所的员工或客户之间实现高效沟通、远程协作。借助物联网和工业互联网系统，员工能够远程监测生产场景的实时状态，实现通过手机发送指令进行远程控制。

（6）未来人工智能创造新型工作角色。人工智能的初衷旨在大幅增强人类的能力和贡献，这一特点使它成为现代企业的一项非常宝贵的资产。人工智能创造新工作，已经渗透到了更多的行业，包括了金融、教育、家居、零售、医疗、工业、交通、娱乐等，涵盖了我们工作与生活的方方面面，随之而来的则是许多工作职能会发生巨变。在未来的几年，组织中的许多职位都或多或少在一定程度上要使用人工智能技术。

除了人社部发布的新职业外，还有所谓的首席人工智能官、人工智能业务分析师、人工智能研究人员、人工智能机器训练师、人工智能测试员与督导员、人工智能数据工程师、人工智能质量保证经理，以及销售与市场宣传经理和创业者等新型工作角色。下面简单说说这些新型工作角色。

首席人工智能官是人工智能领导者范畴的职位。人工智能领导者有很多称谓，如人工智能和机器学习副总裁、首席创新官、首席数字官等。不管怎么称呼，这些"首席人工智能官"都必须理解认知技术如何影响企业，如何制定公司的人工智能战略并向董事会、企业高管、员工和客户进行解释。他们与企业首席信息官（CIO）合作实施该策略，以最大限度地满足企业和所有利益相关者的需求。

人工智能业务分析师必须深刻了解自己所服务的公司及其业务模式和业务流程，因为他们希望为这些公司开发解决方案。他们还必须懂技术语言，从而与数据科学家和数据工程师共事。

人工智能研究人员往往是进行基础技术研究尤其是软件开发方面的专家，最有可能在机器的思考能力方面取得突破，使它们成为行业领先者。

人工智能机器训练师。开发人工智能机器需要利用示例进行训练。对于生成、收集以及管理供人工智能训练所使用的相关数据，人才市场上将出现从入门到专业级别的新职业——人工智能训练师，从而完成这一领域所必需的机器学习任务。

人工智能测试员与督导员。开发团队及各类工具方案，目前正致力于建立相关技术，以便更早发现错误、自动评估并进行代码纠正。然而，人工智能并不擅长常识性推理，而且可能仍需要很长一段时间才能真正获得完成此类任务的能力。在此之前，机器仍然需要人类测试员与督导员的帮助以搞定这类工作。软件测试人员在其中扮演着关键角色，他们需要负责建模以进行工作流测试。

人工智能数据工程师。人工智能和机器学习的存亡都取决于数据，但是其所需数据的种类和规模可能与其他系统不同，因此任何想要执行高级分析、机器学习或人工智能的组织都需要人工智能数据工程师。这个职位要具备机器学习、自然语言处理、信息检索和定量金融方面的经验，并且必须具备编程语言方面的专业知识。沟通，协作和产品开发方面的技能也很重要，特别是跨组织和跨学科工作和沟通的能力。

人工智能质量保证经理是从传统软件质量保证职位演变而来的职位，但人工智能项目的质量保证却大不相同。例如，尽管某一公司可能会为手头的项目选择错误的算法，但是代码本身很少会成为问题。不完整的、过时或有偏差的训练数据集才是更应注意的东西。

总之，人工智能既有可能让我们失去一些岗位和就业机会，但也催生出了大量新的岗位与机会。教育是最好的应对方式，就高等教育的发展趋势而言，当下以专业精英为目标的主流培养模式在教学和专业融合上急需调整。传统行业的改造和新行业的涌现需要大量行业精英，这些人才不仅需要高素养和专业基础，而且应具备较高的行业知识和较强的创业和管理能力训练，这种教育将更加融合。尤其是数字经济时代下的职业教育，必须做好这方面的准备，积极应对挑战，变革教育形态，优化育人模式，最终实现转型。

（二）数字经济的趋势，推动职业教育发展

基于数字经济的普遍共识与蓬勃发展，总结得出数字经济时代职业教育的机遇如下。

1.数字经济的政策，加快职业教育体制机制创新

加强职业院校数字技术技能类人才培养，深化数字经济领域新工科、新文科建设。开发职业教育网络课程等学习资源，推动职业教育信息化建设与融合应用，职业教育只有加快创新才能跟进数字经济的快速发展。

（1）加大宣传力度，提高政策知晓率。职业教育和普通教育同等重要，在数字经济深刻影响社会发展的过程中，要加大数字经济、职业教育等政策的宣传力度，建立优质数字经济职业教育品牌，创设职业教育高技能研发机构。

（2）加快体制和机制创新，增强职业教育参与者对高质量创新的目标追求。数字经济建设需要综合能力更强的高技能人才，建议本科层次高等职业学校、普通高等学校开展职业本科教育，是职业教育向更高层次贯通的机制创新，体现了社会、学校、学生、家长等对职业教育高质量创新的目标追求。

2.数字经济的发展规律，加速职业教育专业建设迭代更新

数字经济爆发式增长形成了新经济产业、新工作方式、新组织形式。专业建设是职业教育适应外部变化的重要环节，与数字经济相关的专业包括大数据技术应用、数字化设计与制造技术、网络直播与运营等。为融入数字经济产业发展，职业教育专业建设应快速迭代更新。

（1）基于解决数字经济快速发展中的关键问题和核心问题设置专业。数据资源是数字经济的关键要素和核心引擎，数据挖掘、数据安全、数据处理等领域急需更多专业技能型人才。在网络安全与执法、数字安防技术、云计算技术、企业数字化管理等职业本科专业建设中，院校与数字经济企业共同制订人才培养方案、共编教材、共建教学资源。

（2）基于解决数字经济快速发展中的热点和重点问题设置专业。为加快迭代速度，建议职教专业目录每年都可以新增，开设特设专业，加快调整周期，增加的专业要更符合经济发展需要。

3. 数字经济的业态变化，加强职业教育就业体系数字化建设

数字经济新业态快速发展，形成一批技术创新型、数字赋能型、平台服务型、场景应用型等标杆企业，对劳动力市场和就业产生结构性重大影响。对于新业态的快速发展，职业教育的就业体系要进行数字化重塑。

（1）制定实施数字经济引领战略，提升就业体系数字化运作能力。近年来，数字技术与各行业加速融合。特别是在疫情影响下，数字技术赋能传统产业数字化转型，在线教育、远程会议、直播购物、线上健身、线上娱乐等创造了大量职业技能型岗位。加强数字化就业队伍建设、搭建数字化就业平台、形成数字化就业网络，用人单位与学生能智慧化对接。

（2）积极参与数字经济新岗位国家职业标准制定，优化职业教育数字化就业体系。通过政校企共同制定岗位标准、推行数字经济技能证书、联合建设数字经济人才市场等方式，优化职业教育就业体系与数字经济发展的适应性。

二、数字经济时代职业教育中互联网思维的运用

（一）数字经济时代职业教育中系统思维的运用

互联网思维中的系统思维就是把认识对象作为系统，从系统和要素、要素和要素、系统和环境的相互联系、相互作用中综合考察认识对象的一种思维方法。回顾我国职业教育近年来的发展，基本上是按照"明确发展目标→修订专业目录→制定专业教学基本标准→进行软硬件的建设"的主线开展的。这个主线就相当于一个系统，其中涵盖了发展目标、专业目录、专业教学基

本标准、软硬件等各个要素。这就是运用系统思维来论述我国职业教育发展主线的实例，反映出很强的系统性。我国职业教育发展的下一步工作重点，就是围绕这一主线采取相应的配套措施。而各种配套措施同样也是各种要素，诸如制度、方案、措施等，也需要运用系统思维。

以配套措施中的制度建设为例，教育部于 2021 年 11 月印发的《关于进一步完善高职院校分类考试工作的通知》就是关于顶层设计方面的制度建设，从总体要求、完善招生计划安排、完善考试内容和形式、完善招生录取机制、完善监督管理办法等五个方面做出了制度安排。

第一，教育主管部门要从技能培训和学习的过程监管中抽身出来，把职业技能培训交给自由市场，自己专注于制定职业技能考核标准和主持职业技能考核。以教育部为主导，联合科技部、工信部、商务部等所有有职业技能需求的部门，并联合各行业的标杆型企业，把这些行业分成有限的大类，制定各个大类的职业技能考核标准，规定出获得职业中专、大专、本科文凭的职业标准。并结合以慕课为基础的文化课标准，把职业技能的培养和职业文凭的获得完全自由化。不再要求准入门槛，不再要求学习年限，不再要求集中在校学习，只以技能和文化课的考核达标为门槛颁发职业文凭，彻底释放自学职业技能和有技能的企业教授学生技能的积极性。

第二，把职业中专、大专、职业本科的文凭向全社会开放，取得这些文凭不要求起步文凭，不要求在校脱产学习，仅仅与职业资格证和文化课的慕课成绩挂钩就行。

（二）数字经济时代职业教育中简约思维的运用

互联网思维中的简约思维，意思是敢于放弃多余的部分，用最简单的方式直奔问题的实质。简约思维的法则一是专注，少即是多；二是简约即是美。数字经济时代背景下，职业教育运用简约思维推进信息化建设，应注重信息技术与职业教育的创新融合，通过技术支持真正实现学校教育与岗位学习相结合。

1. 技术与教育的有机融合

通常认为，信息处理技术的巨大变化将促使工业企业大踏步地迅速自动化，不仅涉及工业体系、机器人和自动化系统，还影响第三产业的诸多部门。事实上，任何技术的作用并不完全依赖技术本身，还取决于它的使用者。信息技术虽然可以促进职业教育创新，当务之急是要认真且深层地思考如何使信息技术与职业教育实现创新融合。

因为新型职业岗位的兴起及传统岗位需求的变化，所有职业院校必须对相关专业的人才培养目标及过程做出相应调整，进而在课程设置、教学的具体实施中对工作岗位要求的新变化有所呼应。比如，目前一种常见的做法就是在专业教学标准的制定中，强调学生信息素养的培养。技术除了通过影响岗位需求对职业教育人才培养产生影响之外，也直接影响着学校职业教育的具体教育教学。由于信息技术可用于互联网提供的机械及电子课程教学网络，因而能够改善职业教育远程学习计划的教与学。比如可以一系列经过仔细验证的顺序和明确的步骤来呈现学生要学习的材料，也可以打印或记录所有可以从互联网上获得的内容。此外，更为重要的是在没有工具、机器和设备的情况下，可以通过虚拟现实的形式向学生提供从互联网上获得的替代方案。

2. 教育与岗位学习的有机融合

信息化对于教育的意义主要在于信息技术的进步可满足职业院校学生学习需求。这不仅是因为学习范畴是教育科学的逻辑起点，更重要的是职业教育生源的多样性和复杂性需要信息化手段进行信息的有效传递和经验的有序衔接。

学生进入职业院校进行学习需要施教者设计学习环境，其关键是如何运用信息技术来支持真实学习活动中的情境化内容，即学生遇到的问题和进行的实践与今后的校外岗位学习所遇到内容上的一致性问题。现实中，尽管信息技术革命极大地激励着教育工作者的热情，新的信息手段迅速扩大了信息选择范围，并使信息的双向互动成为可能。信息化在职业教育方面所具有的基本效用仅仅表现为在一定程度上扩展了师生之间信息双向传递的内容和活动范围，因此信息化就是简约思维主张应该去掉的"多余部分"，简约思维对于推进职业教育信息化建设是必要的和重要的。

职业教育信息化是一个复杂的过程，其复杂性是由职业教育的特殊性所决定的。作为一种类型教育，职业教育通常有两种突出的实践形式：①校内学习工场的实训；②基于校外真实工作情境的实习。二者的目的都是获得实践知识及相关理论知识，不过校内实训的目的更偏向于学习者在校外真实工作情境中可能遇到的问题的"事先"解决。为此，信息技术的应用要着眼于将校外真实环境下学习者将参与的活动安置在一种环境中，并将这种环境通过技术手段极力描摹成学习者在校外参与这些活动时出现的环境。如此，则有助于教育与岗位学习的相互结合，从而推动职业教育信息化建设。

三、数字经济时代职业教育学科布局与知识体系

（一）数字经济时代职业教育学科布局

职业教育在我国教育体系中占据着重要的位置，为了顺利实现转型升级，职业教育要进一步优化学科布局，加强知识体系建设，努力形成适应经济社会发展与人才需求的、特色鲜明的职业教育体系。学科是按知识的内在逻辑组织的知识体系，专业是按社会应用的逻辑组织的知识。学科布局和专业内容的调整工作在职业教育发展过程中具有举足轻重的战略意义，需要合理布局学科，强化学科建设。

学校要着眼国家重大战略和长远需要，推动多学科交叉布局，调整升级现有学科体系和结构，打破学科和专业壁垒，推进新医药、新农业等学科的建设，积极响应社会对高层次人才的需求。

以"职业教育学"为例，作为一门专业理论课，其主要学科内容是研究职业教育现象，分析职业教育问题，探寻职业教育规律。因此，我们应将职业教育学作为教育学学科范畴或跨学科范畴的一级学科，设立职业教育史、职业教育原理、职业心理学、职业社会学、职业教育管理学等二级学科。

在合理布局学科的同时，也要加强学科建设。首先要做的工作就是加强系统理论研究，完善外部制度规范。一方面，要不断提高职业教育学术水平，关键是要从观点研究转向理论研究，逐步聚焦和深化，形成和巩固理论体系。因此，有必要在学术界达成共识，积极倡导深入的理论研究。另一方面，建立内外部组织体系的互动机制。在促进内部知识体系发展和理论体系建设的同时，也为专业研究机构、学术交流平台和资源提供支持。例如，建立职业教育研究机构之间的合作机制，促进学术共同体的培养；建立职业教育科研出版物分类管理制度，建立健全学术评价机制和质量保证体系，完善学科研究学术规范。其次要做的工作就是突出学科建设，促进人才整合。在"双高计划"建设和高职本科教育稳步发展的背景下，学科建设应利用各学校独特

的资源优势，实现与相关特色专业的交叉融合发展，形成新的学科生长点，实现学科发展的双赢。在学科定位方面，研究型学校要基于各学科的特点和研究型学校的培养目标。在学科招生方面，二级学科要扩大学科人才培养结构。在学科人才培养方面，要充分利用其他专业院校的培训设施，与其他专业院校建立立体合作框架，有效促进学科人才的复合式成长。

（二）数字经济时代职业教育教材建设的更新

1.产教融合背景下的职业教育新形态教材开发

（1）深度推进校企合作开发教材。职业教育的重要特征是面向职业岗位，培养高素质技术技能人才。职业教育教材应紧跟社会发展需求，反映行业企业的新技术、新工艺、新流程和新规范。但行业产业发展具有动态性，要解决当前职业教材内容陈旧且更新不及时、与企业生产实际脱节、教材内容选用不规范等问题，职业院校应加强校际交流、校企合作，邀请企业共同开发教材。

第一，在制定课程标准环节，职业院校应邀请行业、企业有关专家共同参与，明确人才培养方向。

第二，教材编写团队不仅应有学校专任教师，也要包含企业专家。这样既能保证教材内容包含了行业、企业的新技术、新工艺、新规范，又能很好地将企业技术、规范、案例融入其中。同时，职业院校教师可以将自身在教学方面的经验成果转化、补充为可操作的教学内容，并对教材内容进行重构，生成符合职业院校需要的特色教学资源，突出职业教材的职业性和实用性。

第三，职业教育教材内容构建时应适当引入企业评价，并将X证书（若干职业技能等级证书）融入考核内容。学生的职业技能最终需要企业的检验，X证书是由权威性、代表性的行业组织、企业和院校开发的，反映着专业的最新动态，能保证高职院校人才培养的可持续性。

（2）校企协同开发新型活页教材。新型活页式教材[1]可以及时更新内容、灵活拼装书页，并根据用户需求变化教材。学生在学习过程中的心得体会，以及行业企业专家、一线技术人员的实践经验都可以丰富活页式教材内容，

[1] 新型活页式教材是以国家职业标准或专业教学标准为依据，以综合职业能力培养为目标，以典型工作任务为载体，以学生为中心，以职业能力清单为基础，根据典型工作任务和工作过程设计的一系列模块化的学习任务的综合体。活页式教材是帮助学生实现有效学习的重要工具，其核心任务是帮助学生学会如何工作。

形成全员参与的开放型编写机制。

第一，传统的职教教材不能很好地体现职业教育的职业性，新型活页式教材应将理论知识与实践技能有机结合，坚持以职业能力培养为主、理论知识为辅的原则，形成"从项目到任务再到能力"的教材设计思路。

第二，新型活页式教材应采用模块化设计，每个模块都是一个整体，既能独立，又与其他模块有关联。这样便会及时更新教材内容且不破坏教材的完整性，这也是职业教育教材建设的重要目标。

第三，充分利用现代信息技术，通过虚拟仿真、VR 技术等手段将抽象知识具体化、形象化，解决传统教材枯燥、不易理解的问题，加强教材的即时性和功能性。

（3）校企协同开发工作手册教材。

第一，工作手册式教材的特征。与活页式教材相比，工作手册式教材更加注重内在逻辑和组织编写，工作手册式教材具有两个主要特征。①工作任务导向。工作手册式教材内容编排以具体工作任务为导向，以实际项目为载体，详细描述项目完成过程，并借助现代信息技术手段全方位展示操作流程，指导学习者规范地完成具体项目。②学生本位导向。工作手册式教材不再是传统知识体系和操作方法的概述，而是集典型工作任务、经典案例、操作流程、课后思考、工作反思于一体的立体化教材。它是学生的"任务单"，以"做中学"为主，学生通过实际操作直接获得经验。

第二，工作手册式教材的建设应遵循以下路径。新型工作手册式教材建设应保持动态生成功能：不仅提供预设资源，还应保持足够的开放性，及时记录学习者的感受和反思，并能进行自我评价和教师评价，将学生学习过程转变为生成性的教学资源，定期对接市场动态发展情况。

新型工作手册式教材建设应保持智能化功能：工作手册式教材应通过智能化信息技术的应用，及时记录项目或任务的操作流程、路径、规范和结果，配套开发数字化资源，凸显教材的实用性。

新型工作手册式教材建设应保持立体化导向功能：新形态教材应打破传统纸质教材局限，建设数字资源；在信息技术的帮助下，学生可以用手机扫描二维码获取教材，加入在线开放课程；开展在线测验与线上交流，融合多种教学活动，提升学生参与度，增强教学效果。

2. 职业教育数字教材融入 VR 技术

数字教材指的是将互联网、服务终端及数字资源相结合，以网络数据传导为媒介，进而以立体形式为使用者快速提供需要的知识内容的一种教材形式。目前已有一些院校在这方面做出了积极有益的探索，将教材放到 VR 眼镜里。在教育信息化背景之下，将 VR 技术融入数字教材建设中，有利于推动传统课堂教学方式的变革和教学工作水平的提升，因此需要我们进行细致的探讨与研究。

（1）"VR+ 数字教材"：开辟信息化与数字化转型新路径。将 VR 技术融入数字教材建设中，不仅能够有效代替传统纸质教材的教学功能，还能够在此基础上进行创新优化，使数字教材的内容与范围更加丰富多元。VR 技术为数字教材提供了良好的发展前景。

第一，数字教材的价值。信息技术产业中包含了数字教材，数字教材除了可以推动教育事业的发展，还能够让教育工作紧跟时代的发展步伐，使教学逐步实现信息化和数字化，从而提高教学质量。

随着教育信息化的不断发展，应全面提升教育事业的整体水平，促进教育方法的创新，而这就意味着要充分利用当下各种先进的网络信息技术，改革和创新教材，以充分展现出数字教材的意义和重要性。不仅如此，还要利用数字教材让教学逐渐实现网络化与信息化，同时建立完善的信息化教育工作模式，进而最大限度地促进教育事业的发展，为教育事业的发展质量保驾护航。此外，还要扩大数字化教材范围，除了将传统的纸质教材进行数字化，还可以将网络数据库资源进行数字化，拓展教材的内容。这样既能够让学生有更开阔的眼界，学习到更多的知识，还能够增强学生学习的趣味性，产生更好的学习效果，进而提高教学的质量和教育的实效性。

第二，将 VR 技术融入数字教材建设中的意义。在教育信息化转型进程中，需要创造性地将 VR 技术融入数字教材建设当中，通过 VR 技术创新数字教材模式，从而确保教材充分符合当前信息化时代发展的需求，使信息化、数字化职业教育井然有序地开展，并且达到良好的教育工作目标。从本质上说，将 VR 技术融入数字教材建设当中有利于开辟出全新的教材类型，同时也给教育事业提供了全新的教育工作思路，大力促使数字教材与当前信息化教育工作深度融合。在 2019 年我国也印发了《中国教育现代化 2035》进一步确定了教育工作的数字化发展方向，而在此背景之下更需要大力开展数字化教材建设，而将 VR 技术融入数字教材建设中则有利于创新教育工作模式，实现教育工作信息化与数字化发展，进而助力我国社会主义建设事业稳步向前迈进。

（2）"VR+数字教材"的关键点：内容与审核；评价机制。将 VR 技术融入数字教材建设，要充分考虑到 VR 数字教材的质量影响因素，这主要包括内容与审核以及评价机制两个方面。这两个方面是必须牢牢把握的关键点。

第一，注重教材的内容与审核。内容的知识性是教材的题中之义，承载和传达知识是教材的核心功能，因此不能为了追求吸引力而忽略了知识性。根据职业学校学生的心理及认知特点，趣味性教学方法有助于为学生创设全新的学习环境，使学生能够主动学习，积极探索，进而提升教学质量。因此，在数字教材编写阶段，要重点提高学生的思维能力，同时培养他们良好的学习习惯。此外，还要让教材有更强的交互性。这不仅能够增加教材与学生之间的互动，还能够让学生树立良好的价值观和思想道德观念，纠正学生的不良学习态度，进而不断提高教学工作的成效，促进教育事业的发展。

要想让数字教材与 VR 技术实现完美的结合，就要仔细分析教材内容，除了要筛选出恰当、科学的教材内容，还要精心设计知识结构，这样才能让学生有更好的学习效果。为了让数字教材与 VR 技术结合之后产生良好的效果，就要制定相关的法律法规，以此来保证数字教材建设能够在一个有序的环境中运行。在新时代下，数字教材要承担起传达国家课程标准的使命，不断推动我国教育工作向着更高水平迈进。

第二，构建 VR 数字教材的评价机制。要建立完善的 VR 数字教材评价机制，这样才能保证数字教材与 VR 技术结合之后产生良好的效果。制定统一的评价标准评价教学的整个过程，以此来改进教学工作的不足之处，提高教学的质量。

构建评价机制应考虑到教材内容设计、媒体与界面设计、虚拟现实成效三个方面。其中，教材内容设计内容具体包括教材内容符合培养目标、教材内容符合用户的层次、教材内容正确、教材中有引发学习动机的设计和给予适当的学习回馈；媒体与界面设计内容具体包括教材的媒体质量优良、教材的媒体有帮助学生理解的内容、教材的画面设计恰当、媒体接口操作方便且一致和教材的浏览工具合适；虚拟现实成效内容具体包括教材的沉浸性、互动性、想象性以及教材观看设备的使用不产生眩晕感。

评价机制应充分考虑学生需求、知识技能、预期目标和结果、能否提高学生的学习效益、能否提升学生的学习兴趣等内容。评价的主体必须是学生。将评价体系与 VR 数字教材相结合不仅能很好地反馈出教材的实效性，还能发现 VR 数字教材存在的缺陷，分析 VR 数字教材是否可以实现既定的教学效果和目标，是否能够有效提高学生的学习效率和积极性，帮助学生更好地掌握知识技能。之后可以通过相关措施不断改进教学方法，让 VR 技术更好地结合实际教学情境，进而提升教学效果。

学生可以在实践结束之后评价 VR 数字教材的内容，并给出相应的分数，教师可以通过学生的评分了解他们是否愿意使用 VR 数字教材。之后教师可以完善和改进教学方式，让学生乐于接受并使用 VR 数字教材。学生可以通过 VR 数字教材有身临其境的体验，让枯燥的学习充满乐趣，进而积极主动地进行学习。VR 数字教材可以帮助学生循序渐进地学习各种文化知识，同时加深学生的记忆。这除了可以让教学拥有更高的效率，还能提升教学的质量。

（3）"VR+ 数字教材"建设路径：情境、体验、虚实、脚本。将 VR 技术融入数字教材建设，实践中须经由以下路径，这就是创设学习情境、注重强化学生的感官体验、虚拟环境与真实世界要有一致性，以及做好 VR 数字教材脚本的编写工作。

第一，以 VR 技术进行学习情境创设。利用逐渐成熟的 VR 技术来开发 VR 数字教材，通过 VR 数字教材的使用营造具有沉浸感的学习环境，从而使学生能够在学习情境中掌握更多知识，让学生在学习过程中获得更多体验，帮助学生将自身情感更好地融入客观环境中，同时还能拓宽教学内容的范围，提高学生的知识储备量。例如，利用 VR 技术创建不同的学习情境，让学生在真实的情境中获得足够的体验感，然后积极主动地去探索和学习知识，再通过不断的学习掌握知识的本质内涵，让学生获得更多课堂参与感的同时取得良好的教学效果。

第二，注重强化学生的感官体验。在 VR 数字教材编写的过程中，要将学生的感官体验放在首位，让学生可以通过体验学习到更多知识，同时让学生在模拟现实的过程中产生更深刻的记忆，牢记所学的知识。学生可以在场景仿真的过程中看到完整的知识讲解过程，这可以刺激学生的感官，让学生将全部注意力放在教材内容上，真实的教学过程会令学生产生身临其境的感受，从而让学生全神贯注地学习知识，取得更好的学习效果。例如，可以将不同的自然元素融入 VR 数字教材中，让学生体验到近乎真实的声音、画面和触感等，为学生创建一个真实的学习情景，让知识的学习不再是枯燥的，用一种"看得见，摸得着"的方式让学生积极主动地投入到学习中，提高学生的学习兴趣和学习质量，同时加深学生对知识的记忆，让他们牢记教材内容，积累更多知识，从而提高教学效率和教学水平。

第三，做好 VR 数字教材脚本的编写工作。用动态化和立体化的方式为学生展示传统纸质教材的内容是 VR 技术与数字教材结合的重点，这可以让学生进行体验式的学习，在提高教学效果的同时可以有条不紊地开展教学工作。因此，编写脚本是 VR 数字教材开发过程中的关键，要让学生看到一个流畅、完整的故事。在编写脚本的过程中应使用不同的元素，同时保证故事的完整性，故事情节要做到层层递进，这样才能充分发挥出 VR 数字教材的作用，从而达到更好的教育效果。

（三）数字经济时代职业教育教学场景的转化

在职业教育已成为改善高技能人才短缺问题的关键突破口而职业教育学生综合素质偏低的形势下，职业教育必须在教学方法上进行改革和创新，注重在实践场景中开展教学。实践证明，在职业教育中推行实践场景教学法可以激发学生的求知欲，增强学习兴趣，实现校企零距离无缝对接，是行之有效的教学方法。为此，本节将讨论直播场景的运用与优化、三维可视化教学场景的应用与探索、VR 虚拟教学场景的运用与展望等议题，以丰富与推动职业教育教学方法的改革与创新。

1.VR 虚拟教学场景的应用价值

（1）降低教学成本，打破时间和空间限制。VR 技术之所以受到高校的欢迎，主要是因为该技术能够高度还原实训教学场景，让学生能够沉浸在该场景中学习。VR 技术不仅打破了培训时间和空间的限制，还节省了大量教学成本，并保证了学生在培训中的生命安全。

（2）加强课堂互动，提高学生学习兴趣。如今，课堂教育的互动形式绝大多数都位于二维层面，主要的教学载体是视音频文本资源。VR 技术是对真实世界或虚拟视角的良好解释器，是真实交互场景的优秀模拟器。这些功能最终增加了学生参与的兴趣和乐趣，成为随时随地穿梭于现实与虚拟之间的旅行者。有趣的互动和趣味性的课堂更容易激发学生的学习欲望，继而提高他们的学习成绩。

（3）增加多重评估，巩固知识内化。在 VR 技术系统中加入探索、分析和实践，是一种功能完善的策略。在打破仅依靠实验报告进行考核的单一局面的基础上，更全面地考查学生对知识和技能的掌握情况，更注重知识的内化和技能的掌握与运用，大大提高丰富评价维度。

（4）个性化学习速度。VR 技术已经将"个性化学习"提升到了一个新的阶段。一个典型的例子是，当学生进入一个 VR 训练场景时，系统在一系列交互的基础上，通过对他们的个人技能进行下一次评估，将他们置于实际环境中。在某些关键步骤，该系统充当精确的指导者，帮助他们满足学习要求。在此背景下，学生可以自行设定学习进度、调整系统难度、适应学习进度等。

2. 可视化教学场景的应用与探索

（1）三维可视化在职业教育教学领域的应用。三维可视化融合了多媒体、物联网及三维镜像刻画等多种技术，完成数据处理的虚拟化，将真实场景通过建模等方式制作成虚拟仿真场景，与真实世界一一对应。根据各类传感器产生的监测数据与其空间位置，对物体展开多方位的监管，搭建根据现实的 3D 虚拟现实技术实际效果，让数据呈现更加直观，具有场景可视化、设计可视化、数据可视化的特点。

在职业教育教学领域中，三维可视化发挥着重要作用，通过结合其他高新技术，如在实训中实现虚实映射，使数字化模型和实物装备双向同步互动，实时追踪、记录学习数据，将教学数据可视化，大大激发学习兴趣并提升实操教学效果。装配式工程 IDT 实战演练系统这一多场景、多体系的智能制造教学实训装备就是三维可视化与教学实训完美结合的开拓者。例如，基于 DTM 数字孪生和三维可视化创造与真实校园 1 ：1 的数字孪生校园，通过全域数字校园 5D 管理平台，可覆盖应用安全管理、校务管理、教学管理、场所管理、资产管理、能源管理、师生管理七大场景，实现精准映射，地空传感布设，实现校园基础设施的全面数字化，实现人员、车辆动态信息在仿真空间实时留痕，模拟人、物在真实校园中发展轨迹，并预判发展方向，还能对潜在危险进行智能预警和合理建议。

在三维可视化与教学实训相结合的教学实践中，用三维数字化图纸教学是技术赋能助力职业教育的一个典型场景。图纸是造船行业各岗位工种交流的语言，在江南造船集团职业技术学校，学生查看的图纸不再是二维纸质图纸，而是三维数字化图纸。三维图纸可以全方位移动旋转、对零部件进行拆分、产生爆炸效果，可以查看零件工艺信息和生产上下道工序，全面提升生产效率。该校积极探索增强现实和虚拟现实等技术的沉浸式、体验式教学，打造基于职业环境与工作过程的虚拟仿真实训资源和平台，开展数字化环境下的实训教学创新研究与实践，建设职业教育虚拟仿真公共实训基地。比如，智能制造技术虚拟仿真实训中心"分批次建设、模块化整合、数字化运行"，利用虚拟仿真技术，将世赛、国赛等设备控制对象软件化，并融合工业互联网技术，完成了 10 门课程的仿真资源建设，有效实现实训平台的拓展应用。

而在上海市工业技术学校，也有一个虚实结合的"5G+智能实训黑灯工厂"，整合了装备制造大类的数控技术应用、模具制造技术、增材制造技术应用、工业机器人技术应用、机电技术应用、产品质量监督检验六个专业的优质资源。校长张伟罡透露，目前学校重点建设的有虚拟仿真在线实训平台、实训教学可视化、产教融合实训数字资源建设等项目，将建设 25 个左右虚拟实训项目，实现学生从进校到毕业主要实训内容的全覆盖，构建"智能制造"实训体系，形成双元育人的智慧教学新模式。

（2）基于三维可视化教学资源的教学场景设计开发。教学资源包括各种教学资料，支持学习者有效学习的内外部条件，以及学习者运用资源开展学习的具体情境。三维可视化教学资源本质上是一种数字化的立体交互资源，具体指利用三维场景、图片和可视化等技术来建设教学内容，使抽象的概念具体化、形象化，用于描述和理解抽象的概念和复杂的对象。三维可视化教学资源具有沉浸感、动态性、想象性和人机交互这四个特征。

三维可视化教学资源主要是让学习者在学习过程中有一定的感官体验，不仅可以激发学生学习的兴趣，还有利于教学开展。同时，视觉的冲击可以让学习者更快地投入到学习中。如在运动模拟及物体模型的展示过程中，教师可以用三维可视化教学代替幻灯片，让学习者可以多角度地对其进行了解。如果将三维可视化教学资源应用到实际教学中，不仅可以培养学习者自主学习的意识，还可以调动其学习的积极性。基于这样的理解，将三维可视化技术引入职业教育教学资源的教学场景设计开发，符合信息化学习发展的潮流，是对传统教学资源的革新，使得职业院校的课堂教学活动更具趣味性和创新性。

第五节　高等职业教育及其管理

一、高等职业教育概论

高等职业教育是我国高等教育的重要组成部分，只有明确高等职业教育的类型、层次和作用定位，高等职业院校才能健康可持续发展。作为高等教育的重要组成部分，高职教育需要专业活动，专业性应成为高职教育的基本内涵。高职教育是由中等职业教育发展而来的，随着知识、技能在深度和广度上的提升，就出现了一个如何对日益庞大的知识和技能进行管理和传授的问题，而要解决这个问题，就必须进行专业活动。因此，专业性必然会成为高职教育的基本内涵。

（一）高等职业教育的相关概念

1. 职业教育与普通教育的兼容

任何一种教育思想及由此产生的教育制度都有两方面的基础：①历史传统的影响；②社会现实的需要。前者表现为对传统的继承，后者则表现为对传统的改造。普通教育是指受教育通过基础性教育，掌握普遍性的知识、观念、工具和方法。普通教育也好，职业教育也好，都只是一种人为的划分而已。从本质上来看，这两类教育是相融相交、互为依存的。例如，在普通教育阶段，日益强化的劳动技术和科技制作发明等教育融入了现代职业教育因素；在职业教育阶段，逐渐加强的人文知识和文化基础知识则是普通教育的范畴。二者互为依存，协调发展，顺应了"普通教育职业化，职业教育普通化"的国际教育改革发展潮流。

2. 职业教育与技术教育的融合

在培养一线应用型人才的职业教育中，技术教育占有重要地位。因为科学的根本职能在于认识世界，技术的根本职能在于发现世界。技术教育有两种含义：①技术教育是职业教育的一种类型，是职业教育的子概念；②技术教育是培养技术型人才的教育。

职业是社会的分工，技术是人对自然（或客观世界）的改造；职业的载体是人，技术的载体包括物与人。技术教育根据其所达到的目的可以分为两类：①为取得某种职业资格或为从事某种职业而进行的职业教育，称为职业技术教育；②不针对某种职业需求而进行的技术教育，称为劳动技术教育。前者主要在中学后职业定向阶段进行，后者主要在基础教育阶段进行。劳动技术教育属于生活知识和劳动教育，其目的在于培养学生的劳动观念、劳动习惯，使学生学会一些劳动技能，在职业教育范畴中属于职业陶冶，而非职业技术教育。

（二）高等职业教育的发展与展望

我国高等职业教育发展受自身发展阶段的影响，也受时代环境的影响。我国高等教育在普及化的同时，社会也在现代化发展，这使我国高等职业教育步入了一个新的发展阶段。而且在这一阶段社会经济的发展也有了质的改变，不再仅关注于物质经济方面的提升，而更加关注经济结构的改良与优化，注重将国民生活质量提升到更高的层次。除了经济发展之外，也注重科技、文化、法制等方面的发展。在这样的情况下，社会需要的人才需要高等教育提供，高等职业教育就成为社会发展必须借助的动力源泉，甚至说高等职业教育直接决定了国家未来的发展方向，直接决定了国家的生产力水平。新的经济发展形势、新的时代环境都要求高等教育进行创新，之前使用的形式没有办法满足现在的社会发展需求。分析目前高等教育入学率可以发现，高等教育已经实现了普及，高等教育的普及实现之后，教育主体、教育客体的需求也发生了变化，教育主体和客体要求教育使用新的教育方式。所以，分析当下我国职业教育发展的实际情况以及过去的发展历程可以对未来教育发展做出如下规划（图1-1）：

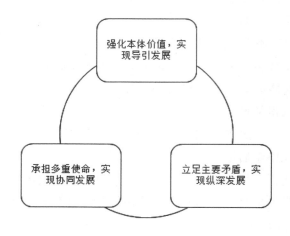

图 1-1　高等教育发展方式的转型

1.强化本体价值，实现导引发展

高等教育本体价值主要涉及两项内容：一个是育人价值，另一个是高深知识的创造价值。我国将来想要在国际上显现出更大的竞争力，那么必须借助高等教育的科学发展、稳定发展。在这种情况下，高等职业教育必须清楚自身的教育本质，必须发挥出自身的本体价值，在此基础上做到高等教育的导引式发展。传统的高等职业教育注重的是适应性，主要是为了让教育和经济发展需求相互适应。在这种情况下，高等职业教育更明显是作为工具被使用的，所以，它的工具性价值比较明显。但是，在社会经济全面变革的情况下，高等职业教育的发展要面临全新的挑战，挑战可能带来积极影响，也可能带来消极影响。例如，在利益机制的作用下，市场环境可能会影响人们的选择，导致人们的选择呈现出明显的趋利性以及短视性。但是，在社会经济改革程度逐渐加深的情况下，高等职业教育必须发挥自身的作用，为社会变革提供助力，这是基本事实，是必然会出现的一种发展趋势。所以，高等职业教育必须为自己树立远大的发展理念，发挥出教育本身的能动性，主动地去适应当下的经济社会发展需要，主动地参与经济社会的全面变革，为经济社会的发展提供助力。

高等职业教育想要实现导引式的发展可以利用以下两种方式。首先，高等职业教育必须把立德树人当作教育发展的根本任务，为社会发展提供德才兼备的人才，高等职业教育想要引领社会发展，那么必须创造出可以引领社会发展的人才，所以，高等职业教育的未来发展是通过促进学生的个人成长、个人发展来实现的。高等职业教育在培养学生的时候要注重社会发展需求，做到社会发展和个人发展的协调统一，换言之，通过人的现代化发展来助推社会经济、社会文化的现代化发展，所以，高等职业教育在未来发展过程中要强调基础学科教育，利用基础学科教育培养人才的综合素质、综合能力，全面提升我国人才的综合素质水平。其次，高等职业教育未来要注重高深知识方面的研究与探索，要让高等职业教育内容表现出更鲜明的前瞻性、创造性，目前，国家发展主要依赖知识创新，知识创新对生产力的提升有决定性作用，所以，高等职业教育也要注重知识创新，通过创新的方式实现科学技术的提升和进步，并且通过科学技术的发展助推社会发展，助推社会转变与社会创新，进而引导社会发展。高等职业教育在未来发展过程中要注重培养出有领导能力的精英人才，这些精英人才既可以创造知识，也可以带领社会发展，进而推动我国文明的整体进步、整体提高我国生产力水平，让我国在世界舞台上有更大的竞争力。

2. 承担多重使命，实现协同发展

高等教育属于社会系统中的一个子系统，该系统非常复杂，作为社会子系统之一，高等教育的发展需要依托外部环境，高等教育活动的开展需要依托社会实践，因为高等教育和社会发展之间存在必然关联。所以，教育除了发挥自身的育人职能之外，也要担负为社会发展做研究、为社会发展服务的使命。高等教育在接下来的发展过程中将会受到经济市场、社会组织及高职院校等方面的影响，在这种情况下，高等教育治理体系需要创新优化，高等教育结构体系需要完善，这样才能满足社会多元主体的诉求（图1-2）。

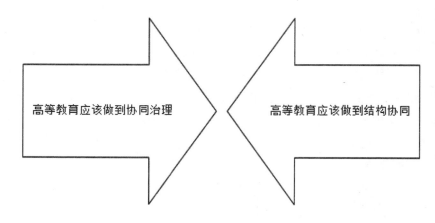

图 1-2　高等教育治理体系需要创新优化

第一，高等教育应该做到协同治理。政府宏观管理高等教育发展的机制需要改善，政府需要从宏观角度为高等教育的稳定发展提供保障，要为高等教育的创新与改革指明方向，而且，还要注重高等教育的公平公正发展。除此之外，高等教育的治理也要注重市场调节机制的重要作用，高等教育治理需要引入更多的多元主体，让更多的主体共同进行高职院校治理、建设，如市场及高职院校应该通过合作的方式共同参与治理。与此同时，借助市场的作用来推动学校发展的优胜劣汰。此外，法律方面也应该为高等教育发展提供保障，法律应该明确高等院校具有的办学自主权，自主权的赋予可以激发院校办学的积极性，可以为高职院校发展提供更加自由的学术环境，避免学术和行政两股力量之间的冲突，让行政力量和学术权利之间有更清晰的界限。

第二，高等教育应该做到结构协同。结构协同指的是区域内的教育资源应该公平分配，与此同时，高等教育布局结构应该继续向下延伸，让更多的优质资源向地方院校倾斜，争取提高地方院校的人才培养水平，创建出具有地方特色的优质大学。地方大学的崛起可以为区域经济发展提供更适合的人才。当地方的经济发展有了人才之后，经济可以快速发展，这样地方的经济实力和国家的经济实力就能够做到同时提升，这有助于国家的稳定发展。除此之外，高等教育的结构类型也应该多元化发展，避免高等教育的同质化发展。

换言之，高职院校应该在建设过程中有侧重，国家应该合理规划研究型院校、应用型院校以及职业技能型院校的数量比例，推动建设特色高等院校，特色高等院校的建立可以满足人民对高等教育提出的多元化需求。与此同时，也要注意高等教育层次结构的协调。高等教育应该对不同层次的人才制定不同的标准，如果是为专科、本科、硕士及博士等不同层次的人才设置不同的培养目标，要不同层次的教育发挥不同的作用，为社会发展提供多样化的针对性强的综合性人才。

3. 立足主要矛盾，实现纵深发展

我国高等教育在经历规模扩张式的发展之后出现了一些问题，我国高等教育发展仍然需要解决结构性矛盾问题，而且结构性矛盾也将是未来发展过程当中的主要矛盾。结构性矛盾指的是高等教育供给和我国人民对高等教育提出的需求之间是不平衡的，也就是供需出现了矛盾。从国内教育发展来看，供给和需求的矛盾主要体现在结构质量两个方面。从国际教育环境来看，留学生的输入数量、输入质量和留学生的输出数量、输出质量是不对等的，是不平衡的，存在的逆差比较大。所以，"高等教育在未来的发展过程中仍然要注重于结构和质量方面的优化，要赋予高等教育更丰富的内涵，也就是高等教育要向纵深的方向持续发展"[1]。

第一，持续推进高等教育供给侧改革，解决改革过程中遇到的各种阻碍，注重高等教育微观结构层面的深化改革，持续挖掘高等教育在教育质量、教育水平提高方面的发展潜力。首先，高等教育想要实现纵深发展需要以教师作为发展的切入点，高职院校培养出来的人才质量由高职院校的教师素质、教师技能水平决定，高职院校只有建设高水平的师资队伍，才能培养出高质量人才。因此，高职院校要注重师资队伍方面的建设，高职院校应该根据自身要培养的人才类型去招聘适合的教师，要对教师进行不同类别的划分。例如，研究型的高等院校就应该招聘有研究能力的教师，职业类院校就应该招聘职业技能水平优秀的教师，不同的院校对教师设置的考评方式也应该有差异，研究型院校应该针对教师设置研究方面的考核标准，职业院校应该针对教师设置职业技能方面的考核标准。换言之，应该针对教师的所属类别、教

[1]　赵庆年，李玉枝.我国高等教育发展方式的演进历程、逻辑及展望 [J]. 现代教育管理，2021（8）：40.

师的类型定位去针对性地进行教师培养教师队伍的建设，充分发挥教师的优势。除了能力方面，还要注重教师师德建设，学校需要培养教师的职业素养，让教师忠于自己的职业、热爱自己的职业，这样教师才能以研究为己任，才能真正做到教书育人，以身作则，培养出德才兼备的学生。其次，高等教育的纵深发展还需要依赖课程教材结构，在时代不断发展变化的过程中，高等教育课程使用的教材内容及教材的结构安排也应该创新调整，这样学生所学的内容才能真正应用在就业过程中，从根本上避免学生所用非所学的问题出现。

第二，为高等教育发展提供更大的空间，助推高等教育的多层次、多样化、多类型发展。首先，高等教育的受众空间应该持续拓宽，不断地进行终身教育模式方面的创新和完善，并且加大力度打通技术教育、普通高等教育及继续教育之间的教育壁垒。其次，高等教育教学空间应该拓宽，应该积极借助信息技术、借助互联网进行人才培养，通过人才培养方式方面的创新，培养出现代化社会需要的信息型人才。信息技术的加入也为教育开拓了线上教学空间，创造出全新的线上教学模式。最后，高等教育国际发展空间应该拓宽，我国应该继续推动高等教育在国际方面的发展，让高等教育继续对国外开放，为高等教育在国际化方面的纵深发展提供支持，我国高等教育应该主动参与全球教育的发展，让中国的教育力量为全球教育发展教育治理提供支持。与此同时，中国教育应该借助与国际上的教育合作为自身的教育发展提供新鲜血液。

综上所述，我国高等教育的发展历程清晰地显示，在我国市场经济发展比较困难阶段，教育物质条件和技术及其受限的情况下，要实现全面高等教育的局面面临很多困难，尤其是教育质量达到预期效果是很难形成的。社会进步发展以来，我国经济发展处于稳定发展中，经济处于快速发展阶段，物质条件丰富的一部分人，经济实力水平提高，对教育和个人发展有了新的需求，思想开放程度提高，对教育的需求更加迫切和需要。然而社会发展的不均衡和地域发展的经济限制导致高职院校群体依然供不应求，教学质量良莠不齐，形成的教育作用不能被充分使用，教育反作用力不足以成为经济动力和社会核心力量，这就加剧了教育矛盾的爆发。

（三）高等职业教育的性质

教育是培养人才的社会活动，教育对社会经济发展的促进作用，是通过培养人才实现的，这是各类教育的共同特征。高等职业教育在其人才的培养实践中，其鲜明的个性特征就是职业定向性。即在人才培养过程中，高职教育表现出很强的职业岗位针对性、实践性及对职业岗位变化的适应性。我们研究高等职业教育的职业性特征，不仅有利于加深对高职教育本质特征的理解，而且对理解高职教育与普通高教的异同之处，以及更好地理解高等教育的本质属性与功能，亦有很强的启示作用。

值得注意的是，虽然职业性是专业教育的共同属性，但是，不同类型的专业教育，在职业特征上有着各自鲜明的特征。高职教育与普通高教的职业性特征就有着非常明显的区别，这种区别主要表现为高职教育具有很强的职业岗位针对性、实践性及对职业岗位变化的适应性。

1.针对性

职业岗位（群）是高职教育安排所有活动的出发点和依据，它不同于普通高教，普通高教不会专门针对特定的职业岗位，它的适应能力更加宽泛。而高等职业教育培养的人才所具备的职业岗位针对性比普通高教更强，其所有的出发点都是为了匹配职业岗位。

高职教育的目的就是为特定的职业岗位培养所需的人才，重点在于职业能力的获得。因此，国民经济职业体系就是这套知识体系的构成基础，其设定的专业如美容专业、秘书专业等都是根据职业岗位（群）进行的，而不是根据学科进行的；其课程和教学计划的安排都是和职业岗位（群）的职业能力相适应的，而不是为了符合学科要求；其业务目标是为了改善或谋求某种职业，所以它的关注点是从业务上对从业人员、行业和职业岗位提出要求，将相关的知识和技能提供给所需的职业岗位，而完整和系统的学科理论则不是其要追求的重点；它要学习的是基础理论，掌握应用技术和本专业所需的高新技术；其能力结构是用横向型来体现复合性的。从教学工作角度来看，教学工作的组织原则要遵循"符合职业岗位实际"；不同专业的教学计划、知识能力结构和学生具备的素质是职业岗位明确需求的基础；对学生是否熟练掌握职业技能和技艺进行考核，并做出评价。职业资格证书才是高职教育连接社会的纽带，而非单纯的学历文凭。总而言之，职业性与"职业岗位（群）"

在高职教育中有着紧密联系。

2. 适应性

职业性的特征是普通高教也具备的，但普通高教基本都是间接联系市场和社会经济的，而不是直接的。就像前面所说的，普通高教的职业针对性不强，也不需要根据特定的职业岗位来设置知识体系、课程和专业，重点在于知识和能力结构的构建，这让普通高教受到的职业岗位变化带来的影响低于高职教育。所以，普通高教与学科联系的密切程度要远高于与社会职业岗位联系的密切程度。

而高职教育天生就和经济发展有着密切联系，因为高职教育是在工业经济时代得到蓬勃发展的。通过实践能够证明，高职教育的发展离不开经济的进步和市场的需求，高职教育必须扎根于经济和市场这两块肥沃的土壤中。因此，高职教育要根据社会职业岗位的实际需求来制定发展方针，高职教育要想发挥作用，得到更好的发展，就必须符合社会职业岗位的需求。

3. 实践性

高职教育培养人才的方向是技术型，所以培养实践能力成为高职教育的重点，这是由其人才特性决定的。以下都是高职教育职业性所展现的实践性特点：高职教育培养的人才针对的是服务和生产的一线，是以基层为主的，能够在生产一线熟练运用各种技术的服务、技术和管理等人员才是培养的主要目标，而非研究新的工艺、产品和技术；其教学过程的重点在于应用不同的技术，培养实践能力；在职业教育中，比重较大的是实训部分，所以上岗实践训练就必须在校完成，这样学生在毕业之后就可以进入工作岗位；高等职业教育需要双师型的专业教师，同时也要具备实践能力。此外，还要关注那些从生产一线来做兼职教师所发挥的作用，而且所处的实训场所和所用的试验设备都要和现场相似，这样才能培养学生解决不同问题的能力。

（四）高等职业教育的整合

1. 高等职业教育的整合价值

连接组合多个性质不同的现象、事物或主体，使他们在趋于相同的价值整体上进行融合的过程就是整合。对高等职业教育而言，整合能够体现其价值，具体如下：

（1）整合这种哲学方法论是被高度概括的。方法分为理性层面的方法、有经验层面的做法和哲学层面的方法论这三个层级。方法是一种研究方式，即规范和程序，方法论则是一种理论，属于方法本身。方法论这种理论抽象存在于方法之上，有一定的权威和规范。然而，像教学的模式、方式和程式这样的"式"也可以用来概括我们常说的方法，这是一种依法行事的状态，整体上有可操作性和形式性两种特征。

（2）整合是拓展创新可能和边界的"利器"。整合作为方法论理论，当然不是终结性的，而是始发性的。因而，我们必须在整合的方法中寻求高等职业教育创新，这才是我们的目的。此外，整合的方法为高等职业教育的理论和实践创新提供了无限的可能性，它在跨界整合中，极大地拓展了职业教育的边界和领域，催生职业教育的发展创新。它可以贯串职业教育过程的始终，催生职业教育的实践创新。它可以与各种学科理论、思想整合交集，催生职业教育的理论创新和超越。

（3）整合是高等职业教育理论建构的基础。整合是高等职业教育理论建构最基础的。它是职业教育理论和实践建构、运行的总纲，是职业教育理论和实践的核心。全部职业教育的理论基础、思维方法和实践模式都是建立在其之上。从这个意义上来看，我们也可以把整合称为高等职业教育理论建构的切入点，使职业教育研究获得一种高远的视界，从而看清职业教育的本质和全貌，洞悉职业教育的远景和走向，并在这样的整合追求和实践中，实现超越。

（4）构建职业教育学科，必须要从整合上着手。专业人员在其独有的领域建立出的专门化知识体系就是学科，这一学科会在专门的术语和方法的基础上建立，有严密的体系、一致的概念和可靠的结论。目前社会还没有广泛认同职业教育一级学科的地位，因此，这一学科一直处于教育学的从属地位。从本质上看，主要有两个原因，一是学科没有清晰的性质，职业教育的学科体系并没有被这一学科的各种性质界定和规范所支撑起来；二是过于严重的体系同化。对高等教育学或教育学理论过多的借鉴和移植，自身没有独特的话语体系和核心范式。从严格意义上来说，职业教育自身的学科理论还没有形成，并且内部也没有建立起来逻辑自洽且高层次的职业教育学科体系。一门学科在学科建设的条件方面有三个层面，即"学""道""技"。"道"指的是一种立场、思想、观念和方法论，能够影响学科的发展，属于哲学范畴。"学"

主要探讨原理、机制和规律等方面，属于科学范畴。"技"主要表现为技巧、技术、方法等，是一种行为方式，属于技能范畴。在职业教育学科内，"道"会对"技""学"进行统领，并将其整合进而建设学科。

2.高等职业教育的整合特征

特征是事物的特性和表征，是一事物区别于他事物的特殊性的体现。理论特征是指某一理论所具有的独特的个性表征，它是理论由内而外彰显出来的一种品质，同时又是由外而内蕴蓄的一种特性。高等职业教育整合理论有四个基本特征，即普遍性、联系性、综合性、整体性。

（1）普遍性特征。普遍性是高等职业教育整合的存在特征。对高等职业教育而言，整合是普遍存在的，主要包括以下两个方面：

第一，高等职业教育的整合普遍存在于高等职业教育的发展过程中。换言之，高等职业教育所涉及的各个领域和方面，所存在的事实和现象都可以纳入整合的视野和范畴予以观照和审视、解读和揭示，没有例外。

第二，职业教育的发展过程自始至终存在着整合。例如，校企合作、教育体系、课程改革、资源共享、师资要求等，都始终与整合相伴随。旧的整合过程完结了，又将酝酿和开启新的整合，它是一个周行不殆、循环往复以至无穷的过程。只要高等职业教育存在，整合就存在。可见，高等职业教育就是一种整合的存在，或者说整合是高等职业教育的存在形式。

（2）联系性特征。联系性是高等职业教育整合的生成特征。整个世界就是一个相互联系的统一体。从联系的基本环节或辩证范畴看，现象和本质是显隐联系，内容和形式是表里联系，原因和结果是依存联系，可能性和必然性是转化联系。当然，还有内部联系、外部联系，直接联系、间接联系等。

高等职业教育的整合就是对事物各种联系的发现和把握。因为只有发现联系，才能将二者联结到一起、整合到一起；反之，如果没有联系或虽有联系我们却没有发现，都将无法实现整合。如职业能力与技能训练是一种直接联系，我们可以把二者联结到一起，形成整合。但职业能力与知识和工作任务之间的联系，就不是那么明显，它们是间接联系，发现这种联系需要有眼力和智慧。只有在具体工作情境中，发现事物内在的、深层次的联系，才能实现职业教育有价值的创新整合，指导职业教育的实践。所以，联系是整合的基础和前提，是生成整合的基本特征。

（3）综合性特征。综合性是高等职业教育整合的手段特征。综合相对于分析而言，它是在分析、比较、归类等思维过程的基础上，将事物的各个部分，按照事物的本来面目有机地联结到一起，从整体上把握事物的思维过程。综合是将联系的事物整合为一体的手段，两种不同的事物不论其联系多么紧密，它们并不会自动地结合在一起，生成新的事物，它需要外在综合的促成，需要手段的焊接。手段是确立目的的方法、介质和工具，是实现目的的策略。高等职业教育的整合需要综合手段的"给力"。

以课程整合为例，面对高等职业教育课程芜杂、繁多、课时超载的现象，我们必须对它们进行整合。但这样的整合不是任意而为的，而是建立在对课程性质的分析、课程内容的比较、课程门类的归并基础上的。如将种植专业的植物学、植物生理学、土壤学、农业气象学、肥料学五门课程整合成植物生长与环境，就是以综合为手段，实现对课程的成功整合。若无综合，离散的、分拆的事物就不能凝聚为一个整体，不能生成具有整体优化特征的全新的事物，整合就无从实现。应当强调的是，应处理好手段的运用与目的的关系，因为手段价值离不开目的价值的规定，目的价值离不开手段价值的推进。如果没有手段价值的现实化和层层推进，目的价值就会成为空中楼阁。同样，如果没有目的价值的规定，手段价值就会陷入盲目和自流。所以，高等职业教育整合必须高度重视综合手段，并在整合实践中注意这一手段与整合目的的统一。

（4）整体性的特征。整体性是高等职业教育整合的完型特征。整合是以综合为手段，从整体上把握事物的哲学方法。整体性是整合后的事物体现出的一种完型特征。系统理论特别强调事物的整体性或整体功能，强调 1+1 ＞ 2 的整合效应或系统功能。

二、高等职业教育管理

（一）高等职业教育管理的目标

使某种预先设定好的目标得以实现是一切活动和工作管理的最终目的。要想使管理效能得到提高，必须有明确的目标。高职院校的管理者只有对高等职业教育管理目标加以正确认识和正确制定才能够做好管理工作。此外，高等职业教育是高等教育和职业教育的重要组成部分，高等职业的发展对经济社会发展具有重要作用。

高等职业教育管理目标，是高职院校管理活动在一定时期内所要达到的目的和结果。高职院校各级管理者在管理学校的过程中，依据高等职业教育的发展规律和学校实际，遵循科学的管理原则，运用先进的管理手段，对学校的人力、物力、财力、时间、信息等进行有效管理，使之发挥最大的效益，从而全面、完善地实现教育目标。管理目标除了具有一般目标的特性外，还有系统性、竞争性、适应性、科学性这些特征。

一所高职院校有许多人员分类，干部、学生、职工和教师的数量众多，只有将全体人员协调在教育活动中才能够使专业技术人才高质量培养的任务得到完美实现，这就要求院校内对相应的管理机构进行建立，由此进行一系列的管理活动。一所高职院校有许多的人员层次和分工，但他们拥有一致的目标。院校之中的各单位、部门的成员应当以一致的步调协同合作，只有这样高职院校的教学目标才能实现，因此，院校管理工作需要拥有一致的总目标。在院校总目标的基础上，各单位和部门要对自己的具体目标进行制定，使院校目标管理系统得以形成。

高职院校的各种工作，归纳起来无非两个方面，即教育工作和管理工作。在院校目标系统中，教育目标与管理目标是既有区别又有联系的两个侧面。它们是相互依存、相互作用、相辅相成的。教育目标是制定管理目标的前提和依据，管理目标是为实现教育目标服务的；而教育目标的实现，必须以管理目标的实现为条件。因此，确定高职院校的管理目标必须根据教育方针和战略目标、学校的教育目标及主客观条件，使管理目标既符合教育规律，又符合管理的一般原理。

1. 高等职业教育管理目标的制定

高等职业教育管理目标的制定主要从以下方面探讨：

（1）高等职业教育管理目标制定的依据。高等职业教育的管理工作，首要的任务是提出和制定管理目标，这是整个管理活动过程的关键。要使管理目标科学合理，主要依据有以下方面：

第一，科学理论。高等职业教育管理是以多种科学理论的运用为基础的。科学理论是客观事物的本质及其规律的正确反映，制定管理目标，必须以反映客观规律的有关科学理论为依据。高等职业教育管理是管理科学在高等职业教育这个具体领域的应用，在制定管理目标时还必须以管理科学理论作为指导。同时还要研究高等职业教育与当前经济关系的科学理论，要遵循教育学、心理学等科学理论。

第二，未来预测。目标总是指向未来的，掌握了事物发展动向，就能使目标具有预见性。因此，高等职业教育管理目标的制定，必须建立在对未来情况科学预测的基础上。管理人员要经常调查研究，亲自掌握和分析各种信息、情报资料，预测未来的发展趋势。预测现在已经成为一门专业学科，管理人员要研究和运用各种有效的预测方法和技术，为制定目标服务。只凭管理者的经验，只凭个人印象，不做科学预测而提出的目标，对管理实践往往不会产生显著的指导意义。

第三，实际条件。目标既要指向未来，又要立足在现实基础上。制定目标，要坚持实事求是的思想路线，从现有的主客观实际条件出发，这是唯物主义目标观。高等职业教育管理目标，不是管理者的主观愿望，只有立足于现实基础、面向未来的目标，具有指向和推动作用，才具有可行性价值。目标不能过高或过低，以经过管理者和组织成员的努力能达到为原则。因此，在制定目标时，要做好两方面的工作：一是要客观地总结过去的工作，哪些工作做到怎样的程度，有哪些经验，哪些工作有薄弱环节，差距多大，有怎样的教训；二是要认真调查研究，科学分析高职院校人力、物力、财力等现实条件和有关制约因素，充分利用有利条件，发扬优势，扬长补短。

（2）高等职业教育管理目标制定的要求。制定管理目标，就是确定使用怎样的方法达到何种目的。一般而言，管理目标应符合以下要求：

第一，管理目标应具有关键性。高等职业教育工作千头万绪，管理者应当运用预测和决策技术，在众多复杂工作中，抓住最重要最关键的工作，制定关键性管理目标。关键性目标应是为开拓今后的工作新成就而设置的战略性目标；应是重点任务，而不应面面俱到；应体现为教学服务，以教学为中心；应是本级决策的事情，而不是下级的事情。

第二，管理目标应具有先进性。管理目标是人们为之奋斗的方向，因此，必须具有先进性。所谓先进性，就是制定目标的起点要高一些，目标值具有吸引力和感召力，能调动人们的积极性，挖掘潜力，为实现目标而奋斗。

第三，管理目标应具有可行性。可行性，是指所定目标的达成条件是基本具备的，经过努力，目标是可以如期实现的。制定目标，必须充分考虑到本单位客观条件、群众基础情况，要充分估计可能遇到的困难和制约因素。不可能实现的目标，有还不如无。因为这种目标不但不能鼓舞人，而且容易挫伤人的积极性。正确科学的管理目标，应该是先进性和可行性统一的，应该是尽力而为和量力而行的有机结合，目标高度适宜，达到目标的难易适中。

第四，管理目标应具有具体性。管理目标，作为管理工作的方向，必须明确具体，不能抽象空洞，模糊不清。在含义上只能有一种理解，不能有多种解释，使执行者有明确的概念；在内容上必须具体，对人们的工作结果有明确的标准和规格要求，了解目标的本质特性和在目标体系中的具体位置。但是，管理目标不同于工作安排，管理目标应该把具体性和概括性统一起来。

第五，管理目标应具有时限性。所谓时限性，就是达到目标要有明确的时限要求，到了规定时限，就要及时检查、评估、奖惩。实现目标的时限不能有伸缩，否则，就可能造成"因循坐误"，失去工作意义，从而降低目标的价值。

（3）高等职业教育管理目标制定的内容。高等职业教育管理目标的内容，就是高职院校的教育效益在一定时期内所要达到的标准和规格。高职院校的教育效益，包括社会效益和经济效益，它的标准和规格是通过高职院校的教育活动反映的，表现在教育消耗及培养人才的数量和质量上。高等职业教育管理一方面要采用合理、经济的方法和途径，尽量减少对人力、物力、财力的浪费和消耗，提高教育投资的使用效率；另一方面要确保所培养人才的数量和质量。具体地说，管理目标的基本内容包括以下方面：

第一，提高学生的素质。思想工作是高职院校完成一切工作的重要保证，是坚持办学方向的显著标志。高职院校担负着培养专门人才的重要任务，为实现培养目标，高职院校必须切实加强和改进思想教育，探索和掌握新时期思想工作的特点和规律，进行有效的科学管理，把思想工作提高到一个新水平。

第二，提高教学质量。提高教学质量是高等职业教育管理的核心。教学质量管理是采用科学的手段和方法，对教学过程进行全面设计、组织实施、检查分析，以保证在教学进行过程中能够达到预期效果。提高教学质量必须从全局着眼，从整体上处理好教学过程中的各种问题；使学生德、智、体全面发展，成为合格人才；紧紧围绕教学，尤其是实践教学，大力抓好科学研究工作；加强对全体教职员工的培养，提高他们的素质和业务能力，通过他们的模范工作和表率作用来教育和影响学生；注意研究和改革教学制度、招生、教学大纲、教材、教学方法、教学过程等各个环节。

第三，提高服务质量。高职院校的教学和后勤保障工作，必须坚持以教学为中心，明确树立为教学服务的思想，充分调动管理人员和保障人员的积极性，贯彻勤俭办校原则，充分发挥现有设备、仪器、物资、财力的作用，健全服务保障制度，实施科学管理，提高保障能力。

2.高等职业教育管理目标的实施

高等职业教育管理目标制定以后，就要运用目标进行管理，管理者必须把目标的确定与达到目标所进行的一系列管理职能活动有机结合起来。下面将探讨管理者在运用管理目标过程中必须抓的四个环节及实现管理目标的两种方式。

（1）高等职业教育管理目标实施的环节。高等职业教育管理目标实施的环节主要有以下几个：

第一，客观地衡量目标成效的数量标准。运用目标进行管理的实质，在于把确定目标与实现目标有机地结合起来。在这个过程中，对每个部门、个人的评价，一定要与他们实现目标的实际成效联系起来。因此，必须有一套科学的数量标准，这个标准至少要具备三方面内容。①明确具体的目标标准。这个标准是对管理目标内容的衡量尺度。如教案书写质量高的标准；为教学第一线服务好的标准；机关为基层服务好的标准等。②目标标准要定量化、指标化、等级化。目标标准要尽量做到定量化、指标化、等级化。但是，有些工作的质量如何，往往难以量化，还有些目标不能用数量表示。例如，提高学生的思想觉悟，加强精神文明建设等，很难用数量衡量，这就有详细说明，尽量使含义具体化。在评定时，充分发挥集体评定、专家评定和群众评定的作用，力求全面、准确、客观地看问题。③具体的衡量考核方法。对目标成效的衡量，要有具体的考核检查方法，克服主观印象或以偏概全的弊病。

第二，形成整体合一的工作目标。实践证明，高职院校各层次、各部门的目标能否做到整体合一是提高管理成效的关键。各部门、各层次的目标与学校总体目标吻合、一致，目标成效肯定就好；各部门、各层次的目标偏离学校总体目标，目标成效就不好；各部门、各层次的目标与学校总体目标不一致，目标成效就接近于零；各部门、各层次的目标背离学校总体目标，工作将无法进行。

学校各层次、各部门要形成整体合一的目标，除了用整体思想来教育全体人员外，管理者要加强两方面的工作。①在决策总体目标时，要尽量吸收有关部门的成员参与。让人参与会提高人的热情，这样制定的整体目标更容易得到共同认可，更有群众基础，而且能有效地确定各层次、各部门的责任，以此作为推动工作，衡量评价成绩、贡献大小的尺度。②在制定目标时，要明确三项内容：应该做什么，达到什么要求；应该在什么范围、什么时间进行；应该怎样衡量、评价目标的成效。这样制定的目标，就能做到整体合一，上下协调，要求明确，责任清楚，全体形成合力，取得良好的管理成效。

第三，科学地排列目标的先后次序。管理者制定目标时，不仅要致力于使各部门的目标与总体目标相一致，而且要在多项目标中选择并规定出主目标和次目标，排列出实施目标的先后次序。一所高职院校有许多部门，每个部门里又有多个层次和多种多样的工作，每项工作有着不同的目标。在这众多的目标中，有些目标在一定时期内实现，相对而言要比实现其他目标更为重要，管理者应进行通盘分析，分清轻重缓急，统筹兼顾、全面安排，找出主、次目标，确定实施次序、步骤、途径和手段。确定管理工作的主目标、次目标及其先后次序，是一种判断性决策。管理者只有在认清总的形势和自己面临的任务，分析透各项目标的地位、价值及其相互间的关系的前提下，才能做出科学正确的选择。

第四，注重数量统计和数据分析。运用目标进行管理过程中，必须真实、适时地做好数据统计和数据分析。因为通过数据的定量分析，可以客观指出工作质量上的差异规律，找出问题和原因，这项工作的基本要求有以下四点：①充分利用统计数字。统计数字是统计分析的基础，在整个分析过程中要自始至终利用统计数字说话。②采用科学的分析方法。数量统计分析的目的，是发现问题、揭露矛盾、分析原因、研究规律，这就有一个怎样科学地利用统计数字进行分析的方法问题。用统计数字分析研究的方法很多。例如，对比分析法、分组分析法、联系分析法、结构分析法、动态分析法等。管理者可根据问题的不同性质采用适合的分析方法。③统计分析要与具体情况相结合。统计分析的目的在于解决实际问题。进行数据分析，除了必须搜集掌握必要的统计数字之外，还须搜集掌握必要的业务活动情况。做到把数字分析与具体情况紧密结合起来，才能真正揭示事物的本质和特征。④注意可比性。可比性是指用来对比的两个统计指标，是否符合所研究任务的要求，对比得是否合理，对比的结果能否说明问题。首先，对比同名指标的口径范围、计算方法、计量单位必须一致；其次，对比指标的性质必须一致；最后，对比指标的类型必须一致。当然，有些情况下，两个指标虽然不可比，但经过调整和处理后，仍然有可比的意义。

（2）高等职业教育管理目标实施的方式。高等职业教育管理目标的制定，仅仅是管理活动的开始。有了正确的目标，还要努力实现，否则，再好的管理目标，也没有实际意义。实现管理目标的基本方式有两种：一是计划管理，二是目标管理。可根据本单位的具体情况，选择其中的一种方式，或兼用两种方式。

第一，计划管理方式。计划管理是指管理者以制订计划和实现计划为手段达到管理目的的一种管理方式。计划管理的做法大体上分为四步。①制订计划。制订计划要考虑到三方面的问题：一是计划的各项指标要能反映和体现总目标的要求；二是要预测在实现计划指标的过程中可能出现哪些因素的影响，其中包括内部因素和外部因素、有利因素和不利因素；三是根据现有条件和未来发展，提出达到目标的具体措施和步骤。②实施计划。通过组织、指导、协调和教育激励等活动落实计划。③检查。检查既是掌握计划落实情况，又是对计划正确性的检验，以便及时发现问题，解决问题。④总结。总结是对这个计划管理过程进行评估，找出经验教训，制定改进措施，反馈于下一个计划管理过程。计划管理适用于外部干扰较小，内部抗干扰能力较强，工作程序比较稳定的工作系统。如高职院校的教学工作管理、思想教育工作管理等，多采用计划管理。计划管理可分为两种，一种是开环计划管理；另一种是闭环计划管理。

开环计划管理。开环计划管理的前提是：外部环境和本工作系统未来发展趋势具有完全的确定性。它适用于两种情况：第一，认为工作过程中各种干扰影响并不存在；第二，即使干扰存在，本工作系统也可以完全不受干扰的影响，这种管理的有效性取决于前提与实际情况的吻合程度。像高职院校的课程进度、教学保障、作息时间等，一般都是硬性的、具有法定作用的开环计划管理。

闭环计划管理。闭环计划管理的前提是：外部环境与本工作系统发展趋势有一大部分是确定的，但也不排除存在一些未知因素，会使本系统偏离计划的轨道。因此，采用反馈，以计划为依据来检查监督各子系统，发现与计划不吻合的地方，及时采取措施进行调整。像高职院校的年度教学工作计划、物资采购计划等，均属闭环计划。

计划管理虽然具有不可否定的优越性，但也存在着一定的局限性。一是计划管理的灵活性较差。计划一旦发布实施，不能轻易改变。二是执行者的自主权较小。计划对工作的内容、程序、标准，规定得很具体，一般情况下执行者是不得随意变更的，这样就在一定程度上限制了执行者的主动性和积极性。例如，高职院校工作中，有一些较具体较直接的工作，以及干扰较大、工作程序不太稳定的管理活动，像大的教学改革、较复杂的科研工作、教师队伍的调配等，由于对未来可能会遇到的干扰因素很难完全预料，况且有时因形势变化还要对目标做出改变，这样一来，就要打乱原先的计划，并重新制订计划，这个过程就会给工作带来不必要的损失。

第二，目标管理方式。目标管理是管理者以确定目标和实现目标为手段，达到管理目的的一种管理方式。它以制定目标作为管理工作的起点；然后再建立整体合一的目标体系；在实现目标的过程中，以目标为准绳，协调各层次各部门的关系；最后以目标来评估结果。它是一种民主的、科学的管理方法，特别适用于对管理人员的管理，被称为"管理中的管理"。目标管理一般分四个步骤：一是制定总的目标。二是分解目标。根据已确定的高职院校总目标，层层分解，落实到各个部门和每个成员，形成目标体系。三是实现目标。放手让各个组织和成员发挥自己的才智，主动达到目标。上级虽检查指导下级的工作，但不干涉下级的具体活动。四是结果评估。对达到的结果进行分析、评议。

目标管理强调工作的目的性，管理的自我性，个人的创造性。它的最大特征是上级管"干什么"，下级管"怎么干"。在实现目标过程中，上级不干涉下级的具体措施和方法，放手让下级处理工作中出现的问题，进行自我控制。

它可以最大限度地调动人们的积极性和创造性，为实现目标各显其能、各尽其责。

目标管理适用于环境干扰较大，工作程序稳定性较差的工作系统。如高职院校的教学改革、科学研究、教员队伍培养等工作都可采用目标管理。

目标管理也有一定的局限性，主要表现在：一是目标的实现受个人素质水平的影响比较大；二是当局部与全局发生矛盾时，容易出现偏重局部目标实现的现象；三是容易追求数量化的标准，忽视目标质量的要求。

目标管理和计划管理各有利弊，各有自己的适用条件。管理者在选择管理方式时，一定要考虑到本单位的实际情况，注重针对性、有效性，实事求是地进行选择。

（二）高等职业教育管理的内容

高等职业教育是一个大系统，工作复杂具体，机构门类齐全，其管理的内容也极为复杂，包括以下方面：

第一，教育思想。端正教职工的思想方向是教育思想管理的重要职责。目前，应当树立全面提高教学质量，全面贯彻教育方针，管理、服务和教书育人思想，此外，还要树立现代化建设思想。

第二，教育要素。教育这一事物的内部构成并不是单一要素，其中包括教材、学生、教师和教学设备等诸多要素。个体的优化是所有过程和事物整体优化的前提，所以教育要素管理必须要对各个要素，即教材、学生、教师和教学设备的质量进行提升。往往构成要素质量的高低能够决定教育工作的成败，可以看出，这项管理活动十分重要。此外，还要整体优化教育的各个要素。因为整体的优化需要人为的干预达成。

第三，教育事务。高等职业教育事务管理的管理范畴比较常见，对现代化、标准化和规范化方面有要求。教务处工作的强化是做好这项管理工作的基础。教务处能够对整个教学工作和行政工作进行评价、视导、调度、研究、参谋、指导、服务，是一个职能部门，所以，对教学行政管理工作而言，教务处工作的加强有重要的意义。

第四，教育设备。教育设备包括电子计算机房、图书馆和实验室等，这些现代和传统教育设施的整合体，提升了教学中的教学效果。每一个设施都能够进行独立教育教学。实验室能够为学生提供实验研究的场所，让学生结合学用，动手动脑；图书馆作为重要信息库，是学校的中心；以电子计算机为核心的电化教育，能够将传统教学的面貌改变；语言教室属于第一代文科实验室，这些设施的整合体便是现代化教学。

现代化和标准化是教育设备管理的需求。通过建设、应用和管理这些设备，使之作为一种重要手段推动传统教学的改革。

第五，教育环境。在高等职业教育管理中，教育环境是一个基本因素和重要课题。高等职业教育活动的进行存在于一定的教育环境中。教育环境会影响教和学，并对教育活动的发展方向起引导作用，这种影响虽然有时比较隐蔽，但其重要性不可忽略。学校物质条件在现代条件下获得了巨大改善，这得益于科学技术和社会生产力的发展。在这样的社会背景下，教育环境也因社会信息量的膨胀而变得复杂，教育管理的重要性日益显现出来。所以，现代高等职业教育管理必须要认真地考虑如何对高等职业教育中教育环境的作用加以正确认识，教学得到促进，应当如何对教育环境进行创造。

第六，教育质量。高等职业教育的管理是以高等职业教育质量的提高为出发点和归宿的。教育质量的提升是我们在高等职业教育管理中所有工作的最终目的。对教育而言，质量就是生命，进行质量管理势在必行。教育质量管理就是在实施教学管理时，以抓质量为主要手段的管理。具体而言，质量管理包括质量的检查、确定、控制、评估和分析等内容。其中确定质量标准是一个难点，很难完全用数字来表现教育的质量，这是其综合性和模糊性的特点所决定的。

所以，确定研究质量标准是教育质量管理实施的第一步；控制教育质量是第二步；评估教育质量是第三步。如果说管理教育质量的起点是质量标准的确立，那么使教育质量标准的实施得到保证就是质量控制的目的，质量评价是整体检验教育工作成果和过程质量的工具，能够对质量控制成效进行衡量。三者都能够对教育质量的提升进行直接促进。

（三）高等职业教育管理的原则

对于高等职业教育的管理原则，我们要正确认识和看待，同时还要自觉遵守，只有这样才能使我们的管理能力得到提高、管理效果得到提升，使高等职业教育可以更好地发展，从而在建设过程中更好地发挥作用。

1. 可变性原则

在高等职业教育的管理中，要用发展和辩证的眼光来看待和处理事物，这就是我们所说的可变性原则。通常，我们可以把管理工作分成两种：常规管理、动态管理。不管是进行哪种管理工作，我们都需要针对事物的过去、现在和未来进行详细分析，及时有效地对其进行控制和协调，使管理效应得到加强。

对可变性原则进行贯彻，就要对事物纵横两方面的联系都给予高度重视，对事物的状态和时间之间的关系进行深入揭示。对高职院校而言，其中心应当聚焦于教学，因此在教学计划的制订方面必须要有一定的指令性。在制订教学计划时，我们需要研究的问题主要有两个。第一，计划中包含的各个部分之间的关系、目前的发展情况及未来可能发生的变化。比如，培养目标、教学实施的管理控制、教学的运行调度、教学质量管理的规定等，它们过去的情况、当下的发展变化情况，以及互相之间的关系和关联因素，这些内容我们都要进行掌握。第二，对和教学计划之间具有一定关联的各种因素的情况进行了解，对可能对计划的正常进行产生影响的各种情况进行可变性预测，并制订出相关的应对方案和措施。只有这样，教学计划才能符合实际需求，同时又具有一定的应变性和弹性调整空间，在具体实施时也会更加顺畅，大家自然也能够欣然接受。

对可变性原则进行贯彻实施，一定要以事物的发展规律为依据，循序渐进，不能一步上几个台阶。凡事都不能太过心急，很多环节是不能省略的，当然，我们也不能一直停留在某一个阶段而毫无进步。

2. 科学性原则

在对高等职业教育进行管理时，我们一定要坚持一切从实际出发、实事求是。在办事时，要以高等职业教育的相关规律以及管理规律为依据，确保各项工作的进行都符合其发展规律，使管理达到最佳水平，这就是我们所说的科学性原则。要对科学性原则进行贯彻，主要从以下方面着手：

（1）对管理人员而言，科学素质是必须具备的。管理人员对于管理工作一定要有清醒的认识，管理实际上是一门科学，要想真正将管理工作做好，必须要具备一定的科学素质。对管理人员而言，下面这些科学知识都是必须要具备的：①对教育科学相关理论要进行学习和掌握，对于高等职业教育的规律以及学校管理工作的相关规律要进行充分了解，只有这样才能使我们的自觉性得到提升，在进行管理时能够依照规律来办事，而不是盲目工作，进而对工作效率进行进一步提升。②对于与高等职业教育有关的管理科学理论要进行学习，要掌握科学管理的手段和方法，当下这个时代，科学技术的发展十分迅猛，进行管理的手段和方法也变得更加现代、科学，对这些手段和方法进行学习并熟练掌握，可以帮助我们更好地进行管理。

（2）在管理制度方面，要建立起严格的、科学的制度。①对于科学的管理系统要建立健全，如坚强有力的思想工作管理系统、科学高效的教学管理系统等，要把这些系统结合起来进行工作，对管理工作的效率进行提升。②应建立健全科学的工作秩序，以提高工作效率，如让组织结构更合理、工作秩序更规范、职责分工更清晰、质量要求标准更高、常规事务处理制度性增强、信息反馈更灵敏等，这些方法都可以确保各项工作能够顺利高效地完成，进而使整体效率得到提升。

（3）对教职工责任制度进行建立健全。即对相关教职员工的职责范围进行规范划定，专人专项，做到每件事都能对应到人，每个人都明确自己的职责，充分发挥个人的聪明才智，以取得更加优异的成绩。要想教职工责任制度能够顺利实行，我们需要做到以下四个方面：①职责分明；②合理分工；③公平奖惩；④公正考评。

3. 教育性原则

教育性原则，是指高等职业教育管理工作不仅要通过管理完成一般的工作任务，而且要十分注意高职院校各项工作对学生的教育作用。高职院校是培养人、教育人的场所，青年学生可塑性大、模仿性强，学校里的各种因素，如全体人员、全体工作及环境、校园风貌等，无时无刻不在影响着学生，所以高职院校的全体人员和全部工作都应当始终注意贯彻教育性原则。

（1）高职院校的全体教职工从院长到教职员工都应十分注意自己思想行为的示范性。院长应是教职工的楷模，是学生学习的榜样，学校的其他领导干部和教职工都应当有高尚的道德品质和崇高的精神境界，应当作风正派，待人诚恳、举止端庄、文明大方、衣冠整洁、谈吐文明、学风严谨、教书育人。总而言之，应当在各个方面都堪称学生表率。

（2）要求各项工作典范化。高职院校全体人员都应十分注意各项工作对学生的示范作用。各项工作都应严肃认真，一丝不苟；各种文件都应严谨准确；执行各种制度必须十分严格，不徇私情；理财用物，注意勤俭节约，不铺张浪费。总而言之，各项工作都应力求影响学生，使之形成高尚的道德情操、严谨的学风和艰苦朴素的作风。

（3）要求学校设施规范化。一所学校如果校舍整洁、环境优美，可以使人心旷神怡、精神愉快，对于优化教育教学环境、净化学生心灵、陶冶师生员工的思想情操、振奋精神、丰富生活情趣，都有重要的意义。优美舒适的环境，有助于学生养成讲究卫生、爱护公物、遵守纪律等文明习惯。

4. 高效性原则

贯彻执行高效性原则，对管理人员提出了很高的要求，管理人员需要对正确的办学目标和办学方向进行明确和坚持，只有在保持目标和方向正确的基础上，才能提升工作效率，而在此基础上，管理人员还需要科学合理地进行每一项决策，在对应的实施过程中要恰当地进行指挥。

要想对高效性原则进行贯彻落实，管理人员需要对高等职业教育的管理资源进行合理恰当的利用。在进行智力开发及对人才进行培养时，高等职业教育需要借助一些资源，这些资源既包括有形的资源，如人力资源、物力资源、财力资源等，也包括一些动态的资源，比如对管理办法进行改革创新、对工作组织架构进行调整完善、对时间和信息资源进行高效利用，等等。动态资源是潜在的资源，是无形的，我们要把有形资源和动态资源有机结合到一起，合理进行利用，只有这样才能使高等职业教育在办学效益方面得到更大的提升和发展。

（四）高等职业教育管理的规律

高等职业教育管理工作是有规律可循的，只有遵循规律，按规律办事，才能提高管理水平，提高育人质量。为此，管理者就需要认真学习、研究管理规律。对高等职业教育管理的规律而言，我们参考有关的高等教育管理理论，联系高等职业教育实际，总结出以下规律：

1. 适应经济发展的规律

高等职业教育是培养技术应用型人才的教育，它更应该适应社会政治、经济的发展。高等职业教育管理是从管理的角度研究高等职业教育现象的，所以高等职业教育管理工作必须与社会的进步、经济的发展相适应。高等职业教育管理工作与社会经济相适应体现在以下方面：

（1）高等职业教育发展的规模和速度必须与社会的发展、经济的增长相适应。发展高等职业教育需要一定的人力、物力、财力。办多少学校、设多少专业、招收多少学生、学习多长时间，必须与当地生产力发展水平所能提供的物质条件相适应。

（2）高等职业教育培养人才的规格和数量必须与经济的增长相适应。高职院校是培养人才的阵地，培养怎样的人，培养多少人，必然受到经济的制约。高等职业教育具有明显的地方特点，应根据当地的生产力发展水平、建设的地方特色和客观情况，以及未来发展的趋向，科学进行人才需要预测，然后做出合理安排。

（3）管理必须为改革开放服务。高等职业教育管理要为政治、经济服务，就必须把改革开放作为中心任务抓紧、抓好。要改革高职院校内部管理体制，改革教育思想，改革教学内容、教学方法，做到多出人才、出好人才，把受教育者培养成为具有创造才能的，能适应建设需要的合格人才。

2. 依靠教师的规律

在培养人的教育和教学活动中，教师应起主导作用。所以，教师是学校的主力军，是办学的主要依靠对象。办学之所以必须依靠教师，这是由教师的职责和作用决定的。在高等职业教育管理工作中体现依靠教师，应当做到以下方面：

（1）尊重教师，对教师合理安排使用。在学校里，尊重知识、尊重人才，首先应当充分尊重教师，合理安排使用教师，做到量才使用，用其所长。高职院校的各科教师，经过多年培养与教育，蕴藏着极高的热情和工作积极性，如果学校领导充分尊重他们，知人善任，合理安排他们的工作，就能最大限度地调动他们的积极性。

（2）对教师充分信任、真心依靠。①高职院校管理者应从行动上把教师作为学校的主力军，工作上依靠他们。凡属学校教育、教学工作中的重大事情，都应虚心听取教师意见，然后再做决定。对教师提出的好意见和建议，领导采纳后，应给予适当表彰。②管理者应以平等的态度与教师交心、谈心。只有充分信任教师，真正依靠教师办学，才能使教师更好地把他们的知识和才华贡献给教育事业。

（3）关心教师，满足教师合理的需要。管理者应认真了解研究教师的需要，在政策允许情况下，应当主动、积极地满足教师的合理需要，更好地调动教师的积极性。①满足工作上的需要，要根据教师特长，合理安排工作，提供必要的工作条件，允许教师工作上有一定的自主权。②满足生活上的需要，如住房，夫妻两地分居，小孩入托、入学等，这些解决不好，也容易影响教师的积极性。③满足业务进修提高的需要，教师上进心强，愿意业务上得到不断提高，这对教师个人和学校工作都是非常有益的。管理者应根据教师的不同情况和学校工作实际，努力创造条件，满足他们的合理需要。④满足文化生活上的需要。教师的劳动是艰苦的脑力劳动，他们整天忙于备课、上课、批改作业、指导实习、找学生个别谈话，等等。不能把教师的生活搞得那么单调乏味，应建立教师俱乐部，开展丰富多彩的文化体育活动，使他们的生活得到调剂，精神饱满，朝气蓬勃地投入到艰苦的育人活动中去。对教师的政治上和组织上的进步要求，学校党组织需要积极引导，多加关心。

3. 坚持以教学为中心的规律

我国高职（高专）教育规模每年都在蓬勃发展，这样的趋势，对实现我国高等教育大众化起到了积极作用。对高职（高专）院校而言，高等职业教育的生命线是特色加质量。高职院校的工作中心是教学工作，只有教学有为才能使高职教育有位。要以转变教育观念为先导，要树立正确的人生观、质量观和教学观，培养生产、建设、管理、服务第一线工作的技术应用型人才。高等职业教育管理工作坚持以教学为中心的规律，应该做到以下方面：

（1）高职院校主要管理人员，以主要精力和大部分时间抓教学工作，建立与维护学校正常的教学秩序，深入教学第一线，了解教学实际，参加教学活动，指导教学工作。

（2）在人员的配备和选拔上，首先满足教学人员的需要，应选择配备合格的教师。

（3）在物质条件上，支持教学，保证教学工作的需要。

（4）要求教师严格执行教学计划、教学大纲，认真钻研教科书，努力搞好教学工作。主管教学的领导和处长要认真进行教学评估和检查，不断提高教学质量。

（5）教育和组织学校各部门、各方面的人员，树立以教学为中心的思想，强化以教学为中心的观念，自觉、主动地为教学服务，使全校各项工作紧密围绕教学这个中心来开展。

4. 促进学生全面发展的规律

培养学生全面发展，是国家对教育工作的基本要求，也可作为高等职业教育管理的基本规律之一。高职院校学生的全面发展包括德、智、体的发展和综合职业能力的提高。在高等职业教育管理工作中可以采取以下措施促进学生全面发展：

（1）管理者必须牢固树立德育、智育、体育全面发展的观点，正确处理"三育"的辩证关系。"三育"之间的关系，是相互联系、相互渗透、相互促进、相互制约的辩证关系，概括而言，德育是方向。德育的任务是培养学生具有坚定正确的方向，全心全意地为建设服务。智育是中心，是关键。因为无论是德育还是体育，没有文化科学知识做基础是不可能顺利进行的。还应看到，社会和经济越是向前发展，对劳动者的素质要求也就越高。劳动者的素质越高，社会生产力水平也越高。所以，高职院校的管理者，必须坚持德、智、体全面发展，关心学生健康，重视学生体育锻炼，养成学生良好的卫生习惯，保持和发展学生健康的体魄。

（2）管理者应教育全校教职工树立全面育人的观点，在统一认识基础上，协调一致，分工合作，促进学生德、智、体全面发展。学校对受教育者而言，是一个整体，其任务就是培养全面发展的人才。所以，学校的各个部门、各项工作，都必须立足于全面培养学生，保证培养出适应社会需要的合格人才。

（3）管理者应教育全校教职工培养学生的综合职业能力。高等职业教育要培养同 21 世纪我国现代化要求相适应的，具有综合职业能力和全面素质的，直接从事生产、服务、技术和管理第一线的应用型、技术型人才。因此，高等职业教育的管理者要着眼于未来，教育全校教职工千方百计地培养志向高远、素质良好、基础扎实、技能熟练、特长明显、个性优化的学生，并使他们具有远大的职业理想、深厚的职业情感、高尚的职业道德、扎实的职业知识、熟练的职业技能、较强的职业能力、自觉的职业纪律、良好的职业习惯，以及忠于职守的敬业意识、开拓进取的创业精神。

5. 有序运动的规律

高等职业教育的各项管理工作的具体任务、目标、进程等都不相同，它们的管理过程的具体内容也有差别。例如，教学管理过程，要对教学工作进行计划、组织等，而思想工作的管理过程，要对思想工作进行计划、组织等。但是，各项工作的管理过程，除了其具体内容的差别外，都有其共同特点，都有计划、实施、检查、评价、总结五个基本环节，都是按计划—实施—检查—评价—总结的先后顺序连续运动的。实践表明，有了计划就必须实施，有实施就要进行检查，检查了就要进行评价，最后要有总结，这种先后顺序，不是人们主观随意的安排，而是管理工作客观规律的反映，是一种前后相关联的基本环节的有机组合。它要求人们在进行管理活动时，一定要按照上述五个环节的顺序开展工作，不能破坏或颠倒。换言之，高等职业教育的管理过程，是一个由前后顺序、相互关联的五个基本环节构成的有序的运动过程。

高等职业教育管理的每一个过程，都是由计划开始，经过实施、检查、评价，到总结为止的一个管理活动周期。年复一年，期复一期，延续不断，目标，周而复始，不断提高、不断前进的。管理工作也按五个环节的顺序周而复始地不断循环。但是，这种循环并不是机械地重复，不是维持在原有水平上的转动。因为每一循环都是在前一循环的基础上进行的，每一循环不仅在时间和空间上有秩序，而且在质量上不断由低级结构向较高级结构转变，提高了起点，向前有新的推进。管理过程的每一次循环，都使管理工作提高到一个新的高度，这就是滚动式发展，也是有序运动的规律。

6. 控制性活动的规律

高等职业教育管理过程是一种有目的、有程序的运动过程。它的目的，就是实现管理目标和教育目标；它的基本程序，就是按照计划—实施—检查—评价—总结先后顺序进行的，这种有目的、有程序的运动过程，表现出高等职业教育系统的状态要求和一定的行进轨道。但是，在实际管理活动当中，由于受到周围环境和校内外主观和客观因素的影响，一成不变的按照既有模式进行运动，直达目标的情况是不多的，往往会遇到一些可变因素的影响，而不断出现偏离目标的情况，或者出现没有预料到的问题和困难、矛盾和冲突。

因此，在管理过程中，管理者必须不断地进行有效控制，随时调整本系统的活动，及时纠正出现的偏差，保持在高等职业教育系统所要求的状态下，把管理活动引导到朝目标运动的正确轨道上来。由此可见，这种控制性活动贯穿于高等职业教育系统的全部活动之中。另外，高等职业教育管理过程实质上是一个不断的控制过程，是使各项工作和各项活动按一定程序进行所采取的有效控制活动。在管理过程中，要不断进行有效的控制，就必须及时、准确、不断地获取每一个环节对前一个环节反馈的信息，发现偏离目标的现象，迅速采取措施，及时纠正，以促进和推动管理活动按管理的基本程序向前发展。

第二章　职业本科与发展思考

第一节　职业本科的内涵阐释

本科层次职业教育具有自身的特殊性，通过属加种差定义法可以如此定义本科层次职业教育：本科层次职业教育是基于中等和专科层次职业教育之上的一种教育模式，它的目标是为了进行高层次技术应用型人才的培养，并对学生的职业技能、综合素养进行有组织和有计划的提升，使学生在学校就可以获得相应的资格证书。我国本科层次职业教育主要是针对大陆地区而言的。可以从以下方面来把握本科层次职业教育的内涵。

一、目标是培养高层次技术应用型人才

本科层次职业教育人才培养目标是最基础的目标，这是因为这一基本目标使其可以和其他教育类型区别开来。

（一）本科层次职业教育人才培养目标的确立

本科层次职业教育的发展和社会发展水平之间有着不可分割的关系，它是为了达到培养人才的目标，具体来说是培养技术应用型人才而存在的，也为了和社会发展需求相适应，并能满足个人的成长需要。

第一，达到本科教育、高等职业教育的培养要求。本科层次职业教育属于高等职业教育，因此其既要满足本科教育人才规格标准的需要，也要和职业教育的总目标相统一。《高等教育法》第十六条第二款也明确指出，本科教育的目的是促进学生对本学科和本专业的基础理论、基本知识和基本技能等

进行系统的学习和掌握，能够较好地适应本专业实际工作的需要。《职业教育法》则指出，其教育要和国家教育方针相统一，从学生的思想政治、职业道德及专业知识等方面进行教育，让学生获取必要的职业技能，提升学生的专业素养和职业道德水平。

第二，应满足社会发展的需求。本科层次职业教育的发展水平和规模主要受到社会现代化程度的影响。现在，国内的工业现代化程度在不断扩展，出现了知识现代化发展。随着知识经济时代的到来，高新技术产业的知识、信息和人才资源的优势也逐步体现出来，成为社会经济的主导产业，这使得人才需求结构也有所变化，培养一批高层次技术应用型人才也成为迫在眉睫的重要任务。

本科层次职业教育层次更高，要求也更全面，因此它需要适应社会经济发展和科学技术进步的要求。随着技术水平的提高，生产过程中也需要更高的技术含量，这就需要劳动者具备更高的技能和技术水平，这会改变劳动者的知识结构体系。只有本科层次职业教育才能达到这个目标，所以需要对职业教育的层次进行提升，从而让劳动者能够适应不断提升的技术水平需要。

第三，满足受教育者的成长需要。本科层次职业教育主要是针对人而展开的，在进行本科层次职业教育时要遵循以人为本的原则，所以本科层次职业教育人才培养目标是针对受教育者的成才而言的。

通常来说，应该将个体需求和社会发展联系起来，个体在获得满足的过程中，也会促进社会的发展，反过来，社会的发展，也会使个体的满足感得以提升。随着物质生活水平的提升，人们也需要更高层次和更高质量的教育。本科层次职业教育是非义务性的，从其本质来说，它是将受教育者作为消费者和投资者来看待的，所以满足受教育者的成长需求，为受教育者提供持续发展能力的培养也是本科层次职业教育的教学目的。

（二）高层次技术应用型人才的知能结构

不管是什么样的教育理想形态，都只是体现了终极目标的一个阶段性成果。[1] 本科层次职业教育也不例外，它只是受教育者的一个教育阶段，是为了使受教育者更好地适应岗位。所以进行本科层次职业教育时，首要问题就

[1] 陈鹏，庞学光 . 培养完满的职业人——关于现代职业教育的理论构思 [J]. 教育研究，2013（1）.

是构建一个恰当的知识、能力、素质框架，并保持各项因素的协调统一发展，这样才能确保受教育者综合能力的提升。能力是基于知识之上的、对知识灵活运用的一种素质。

1. 知识要素

知识是人们通过社会实践而总结出来的经验，是集事实、概念和准则为一体的，是人们对认识活动的总结，对某些事物进行反映的一个集合体。也可以说，是人们对维度的一种认知，这个维度是从静态的角度来说的。不过从动态角度来说，知识可以是对认识结果的反映，也可以是对认识过程的反映；知识是综合描述的事实和概念，也可以让人们获取知识。

本科层次职业教育人才培养的侧重点在于知识传授，这不仅仅要求进行事实知识的教育，更应该侧重学生应用知识能力的培养，从而确保学生具备较高的综合素质。和本科学术教育相比，本科层次职业教育的重点在于培养应用型人才，为此设计的专业知识会更广更深，并能够指导其实践，但本科学术教育则对知识的深度、学科性和系统性更为重视。任何一个国家或民族，缺乏现代科学和先进技术都将不堪一击，但若是缺乏人文传统和文化精神，将会不攻自破。[1] 为了弥补技术教育的不足，应该加强人文教育和通识教育的重视程度，从而避免教育的局限性和片面性。专业的技术知识和良好的科学知识、人文社科知识是高层次技术应用人员所必备的能力。如此才能将相关专业理论知识和人文社科知识结合起来，从而使学生的综合素质得到提升。

2. 能力要素

能力是通过运用自己的智力和知识进行实践活动时而逐步产生的。

能力是基于合理的知识结构而产生的，本科层次职业教育是基于复合知识之上进行循环训练而产生的一种较好的复合型职业能力，主要由通识能力、专业能力及可持续发展能力组成。

高层次技术应用型人才必须具备通识能力才能完成基本的工作任务，这属于通识教育的范畴，可以通过听、读、说、写、算等方式获得。不管受教育者以后将从事什么工作，都需要具备较好的通识能力。这是每个参与社会建设的个体都需要具备的能力和基本素养，也是个体发展所不可或缺的前提条件。为此应该认识到：本科层次职业教育并非只是通过简单的听、读、说、

[1]　杨叔子．现代大学与人文教育[J]．高等教育研究，1999（4）．

写和算的传授，更需要积极地做好职业导向工作。在四年教学时间中，不但要加强学生高于本科层次普通教育学生的实践能力培养，还要使其具备高于专科层次职业教育学生的专业理论水平，这对于受教育者快速适应未来的职业需求都是必不可少的能力，不过针对具体的专业领域和岗位来说，这种能力还是有差别的。所以，学校应该针对不同的专业和岗位要求来进行学生的通识能力培养，当然良好的职业倾向引导也是必不可少的部分。

本科层次职业教育培养的一个核心能力就是专业技术能力培养，这也是职业性的本质所在。为此，学生的岗位适应能力培养也是本科层次职业教育的重点所在，只有提升学生的岗位适应能力和岗位技术水平，才能使其更好地适应社会发展的需要。学生在工作实践中要能综合运用学到的技术原理并加以灵活运用，将技术理论向现实生产力转化，从而获得实际解决问题的能力提升，并在这个过程中能够进行自主思考，为技术创新创造提供条件。

随着技术的进步和科学的发展，现代化技术也越来越复杂，技术缺失的表现也更加多样化和复杂化，为了更好地进行理解，实践者的创新能力和自主思考能力就显得尤为重要。技术需求和技术缺失也是促进新技术产生的重要因素，并在此基础上将科学技术向现实生产力进行转化，否则科学知识和科学实验就只是纸上谈兵，对改造世界来说毫无意义。

学生想要适应职业岗位需求和社会发展需要，就应该重视自身可持续发展能力的培养。这就要培养学生对美和道德的判断力，促进自身的和谐发展。[1]不同岗位和不同职业之间的可持续发展能力是有迁移特征的，此外，它也具有现代性和高级性特征。它的组成包括四个主要部分：一是学习能力；二是组织协调能力；三是情感认知能力；四是判断能力。它作用于学生的整体发展中，同时还能为学生的持续发展提供动力。可持续发展能力的培养能够帮助学生更好地掌握和运用专业技能和专业知识。杜威也表示：随着劳动力市场的变化，需要人才具备更好的适应能力，因此单一的实践技能是无法适应社会的快速发展的，而且可持续发展能力也是必备的要素之一，如此才能更好地适应市场变化。

3. 素质要素

素质是指学生在习得过程中所产生的一种较为稳定的品质，是知识和能

---

[1] 许良英，赵中立，张宣三编．爱因斯坦文集第三卷 [M]．北京：商务印书馆，1979.

力的升华和提炼。它包括四个部分：一是职业道德素质；二是公民道德素质；三是职业修养；四是心理素质。学生想要适应职业岗位需求，适应社会发展需要，就要具备较好的职业道德和职业修养，这也是学生必不可少的一项素质和能力。职业道德要求学生能够乐于奉献、依法行事、爱岗敬业等；职业修养是指学生要具备良好的时间观念，有计划地开展工作，能做好工作总结和工作汇报等。道德让人们的精神境界得以升华，有利于人们进行自我完善和自我改进，能够有效地促进人们的全面发展和整体提升。社会的文明进步和国家的稳定发展，都需要居民具有良好的思想道德素质。当然，本科层次职业教育的受教育者也属于公民的范畴，更需要不断地完善自我，提升自我的道德素质，如此才能适应社会的发展和进步需要。社会环境、学习活动和实践活动等各种因素都会影响到学生的学习，而且自身的道德体系和心理素质也在这个过程中得以不断地养成和提升。

二、层次上属于本科教育

（一）国际上职业教育人才培养层次高移

国际职业教育发展逐步向高层次化转移，这也是职业教育内部发展规律的一种重要体现。本科层次职业教育在全球范围内得到了迅速的发展，甚至成为很多发达国家经济发展的重要途径，这也是社会经济发展到一定阶段必然会产生的一种结果，它不会受到主观意志的影响。

高等教育规模的不断发展和扩大，专科层次职业教育的发展也获得了教育部的高度重视，四年制本科层次职业教育专业试点也开始小面积的执行，且获得了一些宝贵的经验和教训。国内的职业教育也逐步向本科层次转移，从而有利于国家的职业教育和国际职业教育发展相统一。

（二）本科层次职业教育与专科层次职业教育的不同

本科层次职业教育与专科层次职业教育主要区别如下：

1. 技能要求不同

国内的职业资格证书和学历证书还未产生明确的对等关系。工作现场对技师和高级技术员有着不同的要求。培养具有一定的实践操作能力，能够迅速适应岗位要求并符合企业对高级技术人才的需求是专科层次职业教育的主要目标。培养技术知识密集型企业和高新技术产业对技术应用型人才的需求，并培养出能够熟练使用、管理和维护新技术的人才是本科层次职业教育的培养目标。

专科层次职业教育的目的是针对某一项技术工作岗位需求而进行人才培养，本科层次职业教育与其不同，它主要是为了衔接专科层次人才培养目标，进行专业领域岗位群高层次技术应用型人才培养而提供服务的。和专科层次职业教育培养人才比起来，本科层次职业教育的目标是培养更高技术力量水平和更高技术应用能力的人才，为此需要具备更深的复合理论知识和更高的技能水平。此外，较好的管理能力和发展后劲也是必不可少的。这样才能适应时代的发展和社会的需求。

2. 培养方式不同

本科层次职业教育和专科层次职业教育有着不同的技能要求，具体表现如下：

（1）专业设置上。二者具有不同的人才培养要求和特征，具体表现在，本科层次职业教育的专科口径比专科层次职业教育更为广阔，这样一来，就更好地衔接了专科层次职业教育的专业需求，满足了频繁的职业岗位变动需要，促进了人才的社会适应能力发展。随着社会经济和科学技术的发展提速，职业岗位变动更为频繁，所以需要人才具有更好的适应能力和可持续发展能力。本科层次职业教育就是为了这一需求而产生的，它将各科的专科层次职业教育专业进行了整合，其专业设置更为广泛。

（2）课程建设上。和专科层次职业教育不同的是，本科层次职业教育具有更深更广的理论课程知识和内容。专科层次职业教育是基于某种职业需求而产生的，所以只掌握了够用的基础理论知识即可。而这一需求还远远达不到本科层次职业教育人才培养的目标，所以增加理论知识的深度和广度也是本科层次职业教育的一个重要特征。在课程设置上，就需要专业理论知识具有更好的系统性和联想性，较好地整合相近学科的课程内容，这样才能提高学术综合能力和实际解决复杂问题能力的提升，从而更好地促进人才职业发展和转岗需求的满足。

（3）教学上。本科层次职业教育更加侧重理论教学和实践教学的重要性，这样有利于人才更好地适应岗位群换岗的需求。理论教学的强化是本科层次职业教育区别于专科层次职业教育的一个重要特征，当然这里所说的理论教学并不仅仅包括理论知识的学习，更需要能够灵活运用各种知识，以促进实际解决各种技术问题。

第二节　职业本科院校及其教育实践

一、职业本科院校的基本职能与定位

（一）职业本科院校的基本职能

1.专业性教学：职业本科院校的立校之本

要想使培养出的创新型技术技能人才具备高素质，开展专业性教学必不可少，借助对创新型技术技能人才的高素质培养，技术应用性职业也可以向着更加专业的方向发展。从职能重要性的角度来看，职业本科院校的第一职能就是专业性教学，这也是其本体职能，是立校之本。

职业本科院校在开展专业性教学时，学生需要从本质上把普适性的抽象的可持续的知识与专业化的具体的职业岗位联系在一起，在未来帮助学生更好地对新的职业领域进行拓展。抽象知识和职业技能之间的融合主要是借助于解构专业化职业来完成的，这也是相较于中高职学校来说，不管是从课堂教学还是从课程开发来看，职业本科院校更复杂、独特的原因。

作为一种专业教育，职业本科教育具有职业属性，属于本科层次，其基本目的是对与特定的职业需求相匹配和适应的知识与技能进行培养。然而，我们在开展职业本科院校的专业性教学时，一定不能过于片面，除了需要对学生的职业反思能力、思维习惯等进行培养之外，还要与人文素质教育结合起来，如对学生的家国情怀、社会责任、工匠精神及审美情趣等进行培养。借助跨界教育，帮助学生更好地把工作和想象力结合到一起，使其在工作时更富创造性、更加游刃有余，这也是职业本科院校所应实现的一个教学目的。因此，职业本科院校在开展教学时，想象力是必不可少的。技能训练的系统开展及文化涵养的全面培育，能够让青年人的想象力得以保持和持续发展。

2. 实用性科研：职业本科院校的强校之基

从科研目的和效果来看，职业本科院校所进行的科研主要是实用性科研。实用性科研也是一种价值取向的代表，即求真务实、学以致用，它不仅十分重视科研的应用，对于其应用效果、科研成果的转化和收益情况也十分关注。可以这样认为，实用性科研的导向具有综合性，它不仅仅是问题导向，还是实践导向、效果导向的。在职业本科院校中，如果科研所面向的问题并非行业、企业的真实问题情景，如果科研的目的不是追求应用效果，那么它将没有任何市场可言。

职业本科院校开展的实用性科研具有个性化、小型化等特点，这也是其基本定位。相较于其他类型大学所开展的科研，职业本科院校开展的实用性科研在水平上与它们并无差距，只是类型不同。从实用性科研的具体内容来看，除了能够发现技术原理之外，借助技术知识及原理对生产、服务过程中出现的实际问题进行解决也是其需要关注的内容，或者是围绕着产业链、技术链中的部分要素或某一环节来开展研究，抑或在智能化、数字化环境下改造商业模式、工艺流程等，在这个过程中助力企业在技术技能方面实现优化和积累，进而使课程体系中的技能和知识能够实现再生产。

3. 文化再生产：职业本科院校的兴校之魂

作为大学的其中两个职能，创新和文化传承是被大家普遍认可、认同的。创新和文化传承都具有同一个实质，即文化再生产，从职业本科院校的角度来看，文化再生产是以职业教育的独特性为基础的，是非常重要的。职业本科院校的发展受到了当下文化多样性和社会多元化的极大影响，相比那些历史传统更加深厚的大学，其包容度、开放度都更大，在校园里我们可以接触到更加丰富、流动性更强的社会文化，我们也要对此进行发展和完善。

对优秀的传统文化进行传承是职业本科院校所需承担的一个重要责任。在职业本科院校中，传承传统文化的过程是一个极具适应性和创新性的过程，我们要围绕着学生的身心情况，结合其专业特点，综合考虑其未来的职业选择和发展方向，对学生的传统文化素养进行选择性的培育，使培养出的每一个学生都能从中获益，使每一位毕业生都能成为对中华民族精神和文化进行传承的点点星火。

4.社区性服务：职业本科院校的活校之路

职业本科院校是一种十分独特的大学类型。当代社会在发展的过程中，大学基因和职业教育不断交融、结合，职业本科院校就是这样产生的。对职业本科院校来说，其"天职"就是服务社会。

对职业本科院校来说，社区服务是对其社会服务的主要定位。职业本科院校在社会服务方面所具备的职能主要是社区性服务，要求职业本科院校在开展活动时应当向社区拓展延伸，服务社区的发展。因此，职业本科院校要充分考虑社区的实际需求，促进二者之间全面合作伙伴关系的建立健全，要直接深入人民群众，承担新型大学所应担负的社会责任。

职业本科院校服务社区主要是从以下三方面开展的：

（1）教育服务。在培训课程的设计方面，职业本科院校相较于应用本科院校和研究型大学更加灵活多样，在针对社区不同群体的培训服务时可以更为具体化，对于多元化群体，也可以提供可迁移技能方面的适应性和灵活性都较强的培训，这是职业本科院校的独特优势，同时也能够为社区的职业培训、终身教育提供更加优质的服务。

（2）文化服务。在社区中，职业本科院校承担着文化教育机构的职能，作为社区里的文化中心，职业本科院校应从多方面为社区提供文化服务，如对社区的文化生活进行丰富，对社区的文化口味进行提升，对社区的文化环境进行改善，对社区的文化治理进行优化，为社区提供资源、人才、咨询等。

（3）技术服务。职业本科院校具有一定的技术优势，它扎根产业，可以从院校的专业布局出发，从多方面、多领域为社区提供多种多样的技术服务，如园艺技术、旅游文化技术、健康管理技术、信息技术等。

（二）职业本科院校的职能定位

职业本科院校的职能是职业本科院校对自身的理解，是一种自我认识和定位。职业本科院校的职能是一切职业本科院校都履行的责任，只是不同的职业本科院校履行的侧重点或程度有所差异而已。

我国的高等教育系统是多元化的，而职业本科院校在其中又是一个十分独特的存在，我们在对其职能进行界定时，有一个重要前提就是找到其独特性。而职业本科院校的出现是由于经济社会的发展和产业转型升级的飞速发展，正因为如此，我们在审视它时往往会戴着工具主义的有色眼镜。事实上，我们在对职业本科院校的发展道路进行探索时，有必要确保其不对经济目标的实现产生影响，要想做到二者兼顾，最为关键的就是我们能否站在纯粹的工具主义的立场，不应只看产业或者经济，而是用更为宏大且长远的眼光，对职业本科院校所涉及的职能问题进行探索和研究。要想实现这样的"大学之道"，我们必须借助大学自身和学者们对职业本科院校自身的考察结果。

职业本科院校是大学属性和职业教育基因的结合体，这也是其独特性的来源。职业本科院校不仅是某一层次的职业教育类型，也是某一类型的大学层次。其一，职业本科院校有着十分鲜明的大学属性，我们在对其职能进行界定时，必须从大学角度出发，这主要是因为虽然我们一直都在强调，职业本科院校是十分独特的。因此，我们需要对现代大学和职业本科院校间存在的共同要素和内在统一性进行深入探寻。其二，后现代大学具有复杂性、多样性、差异性、矛盾性等特点，这反映出了我们在知识创造领域和人才培养方面的社会需求存在多样性。职业本科院校是从职业院校发展而来的，因此后现代大学所具备的种种特征，在职业本科院校身上也有充分体现。职业本科院校和其他类型的大学之间的根本区别，就是职业本科院校具有其独特的文化基因，即集技术应用性、职业定向性、实践优先性为一体。

总之，职业本科院校的职能，不仅要延续职业教育基因，还要突出大学属性，因此根据大学职能的演变史和职业本科院校培养高素质创新型技术技能人才的根本使命，可以将职业本科院校的基本职能定位为专业性教学、实用性科研、文化再生产和社区性服务，他们共同塑造了职业本科院校的"大学"之实。

二、职业本科教育的问题与实践探索

（一）职业本科教育的实践模式

1.产教融合的教学模式

本科院校背景下的高等职业教育，在教学模式上最大的创新就是将生产和教育融合起来，坚持市场导向的原则，充分发挥市场在资源配置中的主导性作用，融合二者，不断促进教育质量的增效升级，其具体方法如下：

（1）专业共建。在校企合作背景下的专业共建，充分调动了企业的参与性和合作性，将学校的骨干教师和企业的精英人才联合起来，借助学校或者企业提供的平台，培养和打造具有丰富专业理论并符合市场需求的专业人才，也就是在这种专业和课程共建的过程中，一方面社会节约了资源，降低了培养人才的成本。另一方面对学校而言，也可以借助"市场"这块试金石，依靠企业来检验学生的培养效果和培养质量，进而不断更新专业项目和内容，实现学生真正的"学以致用"；同时对企业来说，它们也可以通过学校这种针对性极强的"教育"，培养出它们需要的员工，从而实现社会、学校、企业和学生在最终目标上的高度契合。

（2）师资培养。加强"双师型"教师队伍的建设是发展高等职业教育的重点和难点，这要求教师要具备"理论"教学和"实操"教学的双重素质和能力，要达到这一目标，则需要学校、企业和教师的共同努力。首先，教师自己要有从传统的"讲台"上走下来的决心和勇气，他们要敢于挑战自我，主动深入企业，进行实践操作，并通过这种实践性的"训练"，不断巩固和升华自己的知识储备；而学校则应该将培养"双师"教师制度化和规章化，并鼓励教师，尤其是新入岗的青年教师，积极参加相关的培训；同时对企业来说，他们应该与学校合作，并在合作的基础上建立"双师"型教师培训基地，为建立一支新型的教师队伍提供一个广阔而坚实的平台。

（3）实训基地建设。要完成对学生的职业教育，实验实训基地建设是重要的内容，在本科院校职业教育中，这需要由企业和学校双方共同合作来实现和完成。

一方面，企业可以将实训基地建在学校里面，通过模拟让学生进行参观学习，这样既节约了成本，也方便学生就地完成实践操作，但在效果上往往有所欠缺；另一方面，学校也可以直接组织学生到企业的生产基地集中进行观摩和实训，实践及策略选择虽然成本高，但是真实的操作环境往往更有利于学生的学习。

综合而言，在实训阶段的划分上，目前国内主要是"3+1"和"2+2"模式，即学生先在学校先完成3年或者2年的专业理论学习，再到实训基地参加1年或者2年的实训操作，但不管哪一种模式，其目的都是一致的，即通过理论和实训的结合来完成学生对专业技能的熟练掌握和对专业理论的的全面认知。

2. 校企合作的管理模式

目前，国内的高等职业本科教育大多数还停留在"校企分离"的状态上，也就是说学校和企业还未完全合作和结合起来，职业本科教育的任务还主要依靠学校单方面的力量来实现，但从实际上来讲，从高等职业本科的特点和发展趋势上来看，这种"分离"的状态实际上并不利于高等职业教育的发展。

所以，从这一点上来说，要提高高等职业本科教育的质量，"校企合作"的管理模式是一个重要途径。高等职业教育的根本目的是培养适应生产、管理和服务等第一线工作的应用型人才，而在这一培养过程中，企业作为市场的"代言人"和培养对象质量的"检验者"，对学生的培养方向和方式有着不容小觑的发言权，那么企业要投入到高等职业教育中来，可以从以下方面着手：

（1）完善校企合作的制度建设。无规矩不成方圆，制定一套切实可行的规章制度是校企合作的前提条件，也是双方合作顺利进行的必要条件，学校和企业双方要在共同目标下建立合作关系，就必须有一套双方约定的规划和制度，并在具体的操作过程中严格执行这套规划，并以此来约束和规范双方的行为，合作关系才能健康地发展下去。

（2）设立校企合作的管理机构。在具体的合作过程中，学校和企业可以推举代表人物，设立理事会和董事会等专业委员会，依靠这一委员会来共同决策和管理合作事宜；也可以某一方为主导，另一方为辅助来参与管理，这种形式就需要双方实现约定好主导方和辅导方，但不管哪一种方式，都应该设有专门的监督部门和机构来实施和保证民主监督，从而客观公正地使合作机构顺利运行。

（3）建设校企合作的投入机制。众所周知，相较于企业，职业本科院校的教师和学生在知识教育上具有明显的优势，因而他们拥有可开发知识产权的技术，他们的产品也可以设计成技术成果，这些成果在具体的运行中可依法在企业作价入股，从而调动学校师生的积极性和工作热情。

同时，对企业来说，它们作为经济利益体，具备强大的经济实力和资源设备，可以为职业本科教师和学生提供物质和设备支撑，在具体的合作中将来源于学校的软件投入和企业的硬件投入两种不同性质的投入系统结合起来，两方互为发展，进而形成丰富的多元性和多渠道的投入机制。

3. 创学结合的培养模式

"创学模式"是指高等职业本科院校学生在具体的学习中将"创业"和"学习"两种方式结合起来。

目前我国非本科层次的高等职业教育学生的自主或他主创业率已远远超过本科层次的学生，但是在创业规模、技术含量和盈利水平上却难以达到理想效果，这说明目前我国职业教育学生创业数量可观但创业质量并不理想。本科层次的高等职业教育学生具有职教学生和本科学生的双重优势，因而可以规避理论知识欠缺和技术动手能力差的双重问题，学校和企业如果能有针对性地对学生进行"创业培养"，就能规避很多方面的问题，进而在创业方面取得明显优势。

（1）"创业意识"的培养。今天，就业压力日趋增加，面对这种严峻的形式，高等职业本科院校首先应该从思想上引导学生树立正确的创业观。学校应该有针对性地设置跟"创业"相关的专业和课程，如"大学生职业生涯规划"，也可以借助思想道德修养和哲学等基础课程来培养学生的创业意识。

（2）"创业情景"的模拟。为了使学生"身临其境"地体会创业模式和过程，学校和企业可以规划并创设一些"创业"情景，如大学生科技园，借助学校和企业的经济力量和设备支撑，让学生自己"当老板"，投身到"创业"的队伍中来，这种模式的创业一方面可以让学生在具体的操作中掌握创业的关键知识，另一方面也可以使学生避免因初涉创业所带来的市场冲击。

（3）"创业效果"的反刍。本科高职院校学生的创业教育的最终目标是使学生在毕业后能实现自主创业和自我发展，所以，通过在校期间"创业"情景的模拟，学生初步了解了创业规律，也基本完成了"自主创业"的过渡阶段，但这并不意味着对学生的"创业"培养就顺利完成了，通过树立"创业意识"，模拟"创业"情景，作为创业者的学生应该重新思考和反馈"创业"的成败，并找到其精髓所在，通过这种"教室内"到"教室外"再到"教室内"的创业模式，学生可以在学校和企业的帮助下完成个人经验的积累，并最终获得创业教育的成果。

（二）稳步发展职业本科教育的策略

1. 形成发展本科层次职业教育的政策合力

从整个社会发展来看，本科层次的职业教育是一种新兴产物，我们仍旧需要很长的时间来对由谁办、怎么办等一系列问题来进行探索，院校、地方政府甚至国家都应共同出力，形成政策合力。

首先，对一些高职院校，要支持它们升格为职业技术大学；对于独立学院，也应鼓励它们转型成为职业技术大学，使它们在本科职业教育独立设置之路上成为先行者、探路者。

其次，可以在高职院校开设一些本科层次的职业教育专业。

最后，对于应用型本科高校，应继续鼓励它们对中高职学生进行招收，以便对本科层次的职业人才培养进行深入探索。

无论哪一种形式对于本科层次的职业人才培养的探索，院校都需要对自己的办学定位进行明晰，政府也需要制定明确的政策导向，把好与学生相关的"两关"，即入口关和出口关，比如，对"职教高考"的特点进行深化加强，对生源的"职业技能"基础进行突出强调；对于技术技能型人才的成长及职业教育的发展所蕴藏的规律，要严格遵循，对于本科职业教育的专业设置应按更高标准要求；对于有本科层次的职业教育的院校，要建立健全其专业评估的标准和院校评估的标准。要对各类高校在本科层次的职业教育方面加强引导，做到规划合理、发展科学。

2.提升新建职业技术大学办学综合实力

职业技术大学的发展，离不开对教育部相关文件精神的深刻领会，要紧紧围绕内涵建设这一重要内容，提升办学水平。只有这样，才能肩负起对本科层次职业教育的发展进行引领这一伟大的历史使命。

（1）关于专业设置，要充分做好相关的论证。对高校来说，其最为重要的任务是培养人才，在职业技术大学整体升为本科后，要严格梳理计划先行开设的本科专业，并对其实力进行评估，使所开设的专业能够与当地的新经济发展需求相适应，使本科层次的职业人才培养能够顺利达到其质量目标，在此基础上才能对招生规模进行有计划的扩大。

（2）全力抓好高水平的师资队伍建设。对一所大学来说，高水平的教师队伍就是其核心竞争力，因此需要引进高水平的学科带头人、行业高水平技术骨干等高端人才。关于引进、培养、使用高端人才的思路和举措，不管是院校的人事部门还是各个学院及相关部门，都要推陈出新。对于青年教师，则要十分重视培养他们的"双师双能"素质。

（3）全力搭建科研服务平台。对职业技术大学来说，一定要对学科专业的方向进行深入凝练，对特色进行加强，在对学校的科技创新体系进行建设时，要围绕科技创新人才的队伍建设这一重要内容，对大工程、大项目的承接进行积极争取，对大成果进行凝练，努力做到"把论文写在祖国大地上"，不管是在对地方发展服务方面，还是对高质量人才进行输送方面，都努力走在前列。

3. 支持高水平高职院校开展本科职业教育试点

最近几年，为了推动当地的经济发展，不少省份都开始对本科层次的职业人才培养模式进行探索，尤其是高职院校和本科院校的联合培养模式，目前已经有了一定的收获。在经过多年的专业办学实践后，一些高职院校已经积累了丰富的办学经验，可以说，在对本科层次的职业教育进行开展方面，已经基本具备能力和条件了。

对于那些有条件的高职院校，教育主管部门可以给予它们一定的支持，帮助它们逐步有序地对本科层次的职业教育进行试点开展。

第一，要充分发挥"双高计划"高校在重点专业群方面的引领作用，借助对本科层次的职业教育的发展使整体水平得到提升，对于交叉专业、新兴专业，要给予高度重视，并推动其发展，争取将专业群建设得具有更高水平、特色更加鲜明，从而为未来技术服务、科学研究的开展打下坚实的专业基础。

第二，在专业考核方面，要围绕成果这一导向来进行，要建立专业预警和调整机制，使专业能随着产业的发展而不断进行自我调整，强化专业的内涵建设，以专业认证标准为参考，对和专业认证相关度较高的制度文件进行修订或重新制定，针对专业认证内容展开相关调查，对在校生、教师、毕业生及雇主等的意见进行真实、全面、客观的了解，以这些细致的、真实的数据为支撑助力专业的建设和改革。

4. 做好本科层次职业教育的院校评估和专业评估

对本科层次的职业教育来说，专业评估和院校评估工作是十分重要的，一定要做好。评估可以使本科层次的职业教育更多地向职业核心能力与本科专业能力兼顾这一对人才培养的定位聚焦，使职业高等学校在人才培养方面的质量得到切实保障。院校评主要考察的内容包括职业教育的类型特色、产教融合的校企合作的开展、为地方的经济社会发展提供服务、对高层次的技术技能人才进行培养等。

进行专业评估时，主要从以下方面进行考察：专业的设置是否符合需求，即和战略性新兴产业、国家及区域的主导产业和支柱产业的需求能否实现有效对接；其专业设置的标准是否明确，建设规划是否合理，专业建设的发展机制是否能够实现自我完善、动态调整；对于新兴专业、优势特色专业的培育是否重视，能否对高水平专业（群）进行成功打造；所开展的专业实习活动与专业特点、对人才进行培养的目标是否能保持一致、有机结合，在与行业企业开展合作时是否设置了认知实习、跟岗实习、顶岗实习等环节；关于实习的运行保障机制是否已经建立，是不是每个专业都有长期稳定可用的实习基地，能否保证实习经费的使用，等等。

5. 完善发展本科层次职业教育的内部管理机制

对职业高等学校来说，以"高等性""职业性"这两个特点为核心建立起行之有效的管理机制，是决定其本科层次的职业教育发展情况的关键。这套管理机制能够使职业高等学校的管理更科学，为提升院校的办学实力提供切实保障。

（1）对二级学院建制进行创新，对现代产业学院的多主体共建模式进行探索，充分发挥地方政府、头部企业、行业产业等的作用，遵循职业人才的成长规律，对与现代产业发展的各种需求相匹配的高层次技术技能人才进行培养。

（2）修订和完善目前已有的科技管理办法，使其能够与重大科研项目的管理及高端科技平台的发展需求相适应，进而使其为地方经济社会发展提供服务的能力得到切实提高。

（3）以学校的岗位设置及聘任情况为基础，在岗位聘任、绩效考核、团队配备、分配制度等方面推动其进行改革，对相关政策机制进行完善，如岗位设置管理、高级专业技术职务评聘、科研业绩考核、绩效工资实施等，对教师在专业发展方面的活力进行有效激发，使师资队伍更好地发展。

6. 培育发展本科层次职业教育的校园生态环境

对高等教育发展来说，学风优良、探索科学、氛围和谐是其本质要求。要想使本科层次的职业教育朝着又好又快的方向前进，良好的校园"环境生态"的营造是十分必要的。

（1）围绕着学生这个中心和就业这个目标导向，营造出良好的育人环境，即立德树人，树立恰当的办学理念，即为社会需求服务，培养出更多的高端技术技能人才，从而服务于现代产业的发展。

（2）对创新精神要大力倡导，要敢为人先、革故鼎新，对本科职业教育的内涵，即"高等性""职业性"进行充分的发掘，使教材、课程、实习基地、教学模式及评价机制等都能与本科职业教育的人才培养需求相匹配。

（3）不断提升教师的成长环境，加强人才引进和培育的力度，组建高水平的师资队伍，使其在职业教育领域和行业企业内都具备更大的影响力。

第三节　本科院校职业化转型的专业改造

当前我国经济发展进入了新常态时期，正在爬坡过坎的关口，不深化改革和调整结构，就无法实现经济社会的平稳发展，面对客观形势，高等教育正发生巨大变革，这种变革要求本科院校必须进行顺应新形势的改造。对本科院校原有专业重新进行规划和调整，如若沿袭原有普通高校的专业设置与调整原则，将无法适应新的要求。为此，本科院校专业改造的原则必须坚持符合新形势的要求，并在此原则下确立专业改造的维度。

一、本科院校职业化转型中专业改造的原则

本科院校的两大宗旨是为地方经济社会发展服务，不断满足学生成长成才需要。"转型"表示学校的社会作用相应地发生变化，社会对转型后的本科院校的期望值和要求随之提升与转变，因此，在专业改造过程中根据需求进行。

本科院校职业化转型是经济社会发展的客观要求。经济社会对教育具有制约作用，而作为与经济社会有密切联系的高等教育，更是首当其冲。新形势新变化下的我国经济发展方式要求更多地依靠现代服务业、新兴产业、科技进步、管理服务的提高来推动经济社会的发展，而无论是构建新的经济发展增长点还是提高自主创新能力，这些都离不开高素质的劳动者队伍。所谓的高素质劳动者，不仅指学历层次高，更是指技术水平过硬、职业素养可靠

的技术工作人员。然而目前，我国培养技术工人的学历教育包括中等、高等职业教育，其中高等职业教育仅到大专层次，显然无法满足新形势下对技术人员的学历要求。本科院校从其开设之初就被赋予服务地方经济社会的职能，其专业结构也随着社会的发展变化而不断进行调整，这些院校只有在新的形势下实现其服务功能，才能不断满足经济社会需要。

本科院校职业化转型需不断满足求学者的需求。转型后的本科院校的办学定位为本科层次职业教育，这是社会对人才培养层次高移的要求，也是社会人才为了自身不断发展提高的需求。每个接受本科层级高等职业教育的人才都希望自己通过四年的学习能够掌握一定理论基础、专门知识，更希望自己能够提升解决复杂问题的能力，有较强的技术应用水平和技术创新能力。只有满足求学者的需要，学生才能热爱自己所学专业，更好地掌握专业理论与技术，为从业做准备，从而对自己的学校表示满意。唯有如此，本科院校的社会知名度和声望才会不断提升。

要满足经济社会人才的需求，新建地方本科院校在职业化转型的过程中应该做好规划与设计。在办学思想上摒弃计划经济时期的色彩，不要总依赖政府、封闭办学，而是要具有一定的市场意识、开放意识、竞争意识。通过借助人才市场、市场调研、网络平台及政府部门等渠道获取学生需求、毕业生就业情况、企业诉求，了解地方经济社会及学生的需要、行业市场等情况，通过调研与分析，论证所设专业的优势与不足，进而进行专业改造及修正。在学校管理与决策方式上将直线型组织管理结构不断转变为扁平结构，充分发挥二级院系的积极性，给予其一定的专业改造权力和空间。

二、本科院校职业化转型中专业改造的策略

（一）人才培养目标：基于综合职业能力

1.转型中的本科院校人才培养目标

本科院校在职业化转型的过程趋势中，首先要找到锚点、抓住重点、围绕源点，也就是着力解决目标定位的问题。人才培养的根本目的决定了各级院校和各类教育集团对人才培养质量、规模、样式的要求和总纲。这个目标，承载了教学课程、教学任务、教学指向和教学逻辑，更可以用来衡量学校的

教学质量、育人质量、发展质量。因此，对人才培养目标确立一个合理准确的定位尤为重要，针对转型中的本科院校更为重要。特别是要联系实际，厘清本科与专科在人才类型、办学格局、理念层次上的区别。

对高职专科而言，他们的人才培养目标更注重岗位技能和实践，培养的人才主体就是技能型人才、实践型人才，他们能够充分适应生产、管理、服务、经营等一线岗位，能够做到直接实施决策、落实方案、制订计划、产生成果，能够直接产生社会价值和社会效益，操作性、实践性、执行力都很强。同时，高职专科在注重实践性和社会效益的同时，在理论研究、知识原理、技术思维上往往只需要满足于"够用"即可，即只要能够为实践技能提供对等够用的服务，就可以开展针对性甚至探索性的岗位实操训练。

同时也要认识到，专科院校和本科院校在人才培养目标的决策定位上也具有相似特征。教育本质往往在人才培养的价值标准上有所差异，进而导致教育类型多种多样。高职专科与本科院校职业化转型的共同之处，就在于二者都含有职业教育外在表征，且都承载着培养技术人才的任务特征。只不过，转型中的本科院校职业化是侧重技术教育、基础化学术教育。它和专科教育培养的人才，都是在新发展阶段产业升级大背景下应运而生，共同具有就业导向。因此，在这两类学校的指标体系中，人才建设成效往往通过就业质量、就业效益、社会价值、满足需求等指标进行量化展现。

前期，我国绝大部分企业的生产方式还是以劳动密集型为主体，如今已经逐渐向技术密集型来转化升级，进而导致其在生产经营、管理实践上的技术融合度、精密复杂度都越来越高，在这种形势下，高水平高层次的实践技能型人才更被需要，他们既对技术理论有一定的掌握，既能够实现理论到实践的转化，还可以兼顾一线业务的实际应用和组织、企业资源的合理分配和经营。这样的形势使得三年学制的职业高专无法培养出相当水平的技能型操作人才。因此，延长学制并转型升级后的本科院校既能够在人才培养的学历层次上略高一筹，还可以提高学生在技术理论学习、科研发展探索以及专业技术力量的层次水平。这样的组织模式，既帮助丰富构建了现代化的职业教育体系，又对高等教育阵营起到了很好的优化作用。

普通本科在教学过程中具有较为先进的硬件设施和较为优渥的教学资源，因此其在人才教学培养上更注重人文素养、科学思维和创新观念，所以经过本科教学的工程化、研究型人才往往具备较为扎实的理论思想根基，综合能力和素质往往也得益于"高位势、宽路径、厚基础"的教学模式，其在科研能力培养上已经走在了前头。这是因为：一方面，转型后的本科院校教育和普通本科院校教育都是本科层次的教育体系，在目标层次上具有同化性，在指向要求上也具有一致性，如都要掌握理论知识基础，还要有扎实的基本功、技能技巧、技法技术；同时这些人才也不缺乏基础的人文素养和社会精神。这是因为，教育的基础目的就是铸魂育人、塑造价值、锤炼信仰、渲染态度，而非忽略教育的文化使命、精神使命、灵魂使命。另一方面，二者的差异性主要表征在"5A 体系"和"5B 体系"（根据《国际教育标准分类法》），前者对标普通本科，重点是培养研究型、理论型人才，而后者对标转型目标，重点是培养技术型、职业型人才。两种院校教育所遵循的大规律也不尽相同，"5A 体系"重在依照社会教育规律和认知发展规律，而"5B 体系"更侧重于职业发展和价值成长规律。

综上，本科院校职业化教育的转型目标指向，对标高职专科教学体系可以说是"类型有交叉、级别分不同"，对标普通本科教学体系可以说是"级别有共通，类型有不同"，因此我们常说，本科院校职业化教育的转型发展，不是"降格以求"，更不是"原地踏步"。

2. 确立综合职业能力的人才培养目标

随着社会教育学的研究探索逐渐深入，综合职业能力、职业教育层次、人才培养标准等新一代概念的体系内容也更加明确完善。特别是关于综合职业能力，一定程度上对标和限制了完成职业化转型的本科院校的人才培养目标。究其原因，一是因为二者的同质性，两者的教育内涵中都有职业性、技能型、实践性，特别是本科院校的职业化转型，就是在顶层设计上要求向本科水平的高等职业教育体系转变，可以说，二者所处同一个职业教育体系。而是两者在目标和要求上相辅相成。专科教育和单纯的职业教育往往都单方面、不对等地注重技能操作和任务训练养成，这都源于其价值观、成长观都聚焦行动导向而非素质导向。一旦教育的素质导向引导了其价值发展观，学生的能力则更具有普适性和大众性，导致培养的人才符合正常标准，但无法解决高技术人才匮乏难题。由此看来，前文所述的综合职业能力既包含知识积累学习、技能发展学习、问题解决方案探索，也囊括社交情景锻炼和其他个体潜力激发,这也更符合活力经济、新发展阶段对高层次高水平人才的需求。

综合职业能力有利于职业教育学生在本科阶段专业能力的培养。探究本科院校职业化专业化转型的原因:按照学科标准培养的学生与当前经济社会需求不相适应,具有较为明显的结构性矛盾,这些学生往往难以适应社会经济发展需求。因此,本科院校的转型导向指向、人才培养目标最主要的就是引导督促学生掌握某一行业或领域群体所急需的特殊专业能力,这也是高等职业教育转型后本科院校的根本目的。

我们常说培养学生的综合职业能力,其命门就是"全面 + 完善 + 综合",为了帮助我们细化理解掌握,我们往往从专业化、方法论、社会型三个角度对其进行区分,这样可以使高等教育院校在开展教学和人才培养活动中有着更加明确的指向,也具有极强的实际操作性和可评价可塑造性。但是,综合职业能力中的各细化方面往往相互作用、互相影响,要注重以点带面开展教学,以单点突破带动整体跃升,以重点拔高带动全面提高。这些都要在教学实践中开展,着眼着力于现实工作环境,引导学生将专业知识、社会技能内化形成具有自己个体特色的"工作经验"。同时也要看到,院校在开展综合专业能力的培养过程中,也在引导学生走向可持续发展的道路。转型升级的教育模式体系,主要目的就是帮助摒弃当前重能力训练轻思想培塑、重短期培养轻长远发展、重岗位训练轻职业未来的现状。综合专业能力和其他方面能力的优势在于它能够侧重学生智商之外能力因素的培训锻炼,通过情景培训、团队攻关等培训手段,帮助培养社交能力、职业信心、抗风险防危机能力和终身学习意识。这样就可以帮助学生解决冲突、克服困难,进而适应复杂严峻的社会环境和不稳定的劳动力市场。

(二)基础专业课程开发:基于学习实践领域

教育教学课程活动是专业化培训的基本组成部分,也是高效推动实现人才培养塑造指向目标的前提保障。作为培养专业人才的主力军主阵地,高等教育院校必须高度重视专业课程的探索、开创。通过对当前高校主体课程内容和主要教学任务的分析,发现还是存在内容浅薄不深入、结构单一不综合、关联不紧难协同等现实矛盾。因此,必须从顶层设计,也就是教学方案上全新打造开发一系列专业课程,这个方案要求就是充分诠释综合职业能力培养目标,且能够在理论课程教学和岗位技能实践中寻找平衡。

学习领域是一个主题学习单元，它基于典型规范的工作任务、专业明确的行动导向，对学习目的进行体系描述，整个行动过程的教学具有较强的情景化和教育化。

秉持"理论＋实践""课上＋课下"的教育方案理念，本科院校往往在课程分类时更加注重学科知识的外在逻辑。这种模式下，对理论知识的系统研究更加强化，理论指导实践、解决矛盾的指向也更加明显。但是由于本科院校过于注重理论课堂的灌输灌注，导致岗位实践的占比小、效果差，平行课程在学生整体发展中的作用无法体现、作用不佳。为改变目前教育体系中过分重理论轻实践的模式现状，高职院校充分借鉴国内外先进经验，探索形成了基于工作分析的课程开发理念，并高度重视"理论服务实践"的观点。

例如，北美"CBE"课程（能力本位课程），认为理论知识是底层基础、是核心架构，主要用于支撑技术技能和岗位实践，进而打造了一批典型课程方案。在引入 CBE 课程的过程中，高等教育课程体系的丰富类别遭受一定影响，人们逐渐将重点放在了市场需求和工作发展角度，在保证内在理论积淀合格的基础上，愈加注重外在行为、岗位能力、实践水平的提供，推动了理论研究型知识逐渐"职业化"。

但是，本科院校在开展职业化转型时，其目标导向是本科层次，也就是较高层次的职业化教育，这既不是普通本科学校所秉持的"并行课程"理念，也不是"重实践轻理论、重岗位轻课堂"理念，而是从课堂探索形成一种"理论＋实践""理论赋能实践、实践回馈理论"的有机融合一体化教学模式类型，也就是将二者糅合为一个整体来进行体系化变革塑造，这样可以有效培养学生的综合职业能力，帮助学生在现实工作场景中全面了解、系统把握工作过程、工作思路、工作模块和工作环境。所谓"学习领域"课程的实现，就是在完整系统的工作过程前提下，跳出理论看理论，跳出实践看实践，立足理论看实践，立足实践看理论，给学生提供一个理论和实践之间的通道，帮助他们理解理论、习得技能、掌握知识、找到方向，避免陷入空洞乏味的书本课堂，而是做好课程衔接、阶段衔接、能力衔接、认知衔接。因为本科阶段的职业教育应该为转型升级后接受专科教育的学生开通上升空间和路径，但目前常规的"3+2"教育培养模式只实现了表面学制的衔接，但是在课程教育、成长逻辑上都没有顺畅的通道接口。我们常常根据模型化任务设置学校的专业课程，这就要求在"实践出模型"过程中，实践人员和施训者都具备较为完善的专业知识积累，这也是其独有特点。

课程在本科院校专业化转型中的应用，根本落脚点是对学科领域的课程标准进行合适恰当的描述。整个课程标准涵盖内容较多，主要包括方案名称、目标内容、教学进度和任务描述。前两项往往由实践专家进行确认，后两项则决定于院校教学质量和教师能力水平。

学科领域的课程名称在确定时，往往与其典型工作任务一脉相承，这样可以帮助人们通过名称了解掌握其职业特征和典型任务。而在对该任务进行描述时，就要明确其任务标准、主体内容、流程手段、主要关系和矛盾难点。

（三）实践教学：以能力为导向

个体对资源、信息进行获取，借助他人的帮助对自己的心理模型进行建立和改善，并对问题进行解决的方法策略，就是学习。学生进行学习的其中一种方法就是实践。通过实践，学生不仅能从中了解何为合作，同时还能对理论知识和真实世界之间的联系进行体验和观察，进而使学生在职业决策方面形成良好的自我效能感，增强职业认同，使其职业信心得到切实加强。在学习中，通过实践参与，学生除了可以更好地进行观察外，也有了更多机会对职业领域进行体验，让他们能够更好地进行知识转化，使书本上的知识内化为自身的能力，使个人的知识以及职业经验都能得到增长，真正做到学以致用，进而使学生在进入职场时能有更多的发展机会。经常进行实践可以使自身学到的知识得到更好的转化、理解和应用，这样的学习才是有效的学习，而借助实践来学习的方法则是行之有效的学习方法。因此，在进行职业化转型的过程中，本科院校进行教学设计时更应该重视实践教学这一思路和方法。

1. 实践教学的学习任务设计

所谓"学习任务"，是指该工作任务的主要目的是学习，在教学中来讲，就是典型工作任务的应用。每一个学习领域都不只有一个学习任务，不同学校的教学设施、教师的水平及学生的基础能力都有所区别，即使是同一个专业，不同的学校在设置学习任务时也应有所区别。通常来说，在一个学习领域中，学习任务的数量与任务要求成反比，即越少的学习任务数量，对应着越综合的任务要求，这也要求学校要具有更高的整体水平。师资方面，教师不仅需要有较高的专业知识基础和丰富的教学经验，同时还要具备一定的实践能力；学校也要在资源和设施设备方面给予充分支持以便学生进行训练；同时，学生的学习能力和理解能力也要达到一定水平。因此，在设计学习任务时，我们需要从多方面来进行综合考量。

对学习任务设计的优劣进行评价的因素主要包括：学习任务是否能够对职业工作情境进行真实反映，是否具备教育性，其学习结果能否通过一定形式进行有效评价，学生能否借此获得实习机会，学生的综合职业能力能否得到有效培养等。胡博特的职业能力发展阶段理论认为，每个人的职业生涯都是从初学者开始发展到实践专家的，其间共需要经历五个不同阶段，在设计学习任务时，我们需要从培养对象所处的不同职业发展阶段入手，有针对性地对任务难度进行设置。学习任务的难度主要通过不同阶段的目标设置来体现，一般情况下，我们对学习目标会有不同的表述和分层，通过这些，我们可以对该阶段学习任务的难度进行充分了解。通常来说，在设置学习任务难度时，是由易到难不断进阶的。因此，我们在设计学习任务时，有两项内容的表达必须要清晰、明确：其一，学习任务在不同阶段的名称分别是什么；其二，学习任务在不同阶段所需达成的学习目标是什么。只有这样，我们才能清晰明确领域课程的相关教学内容。

2. 项目导向的实践教学方法

"项目导向性"教学法（项目教学法）是指在师生的共同努力下，完成一项完整的"项目"工作过程（资料搜集、计划、决策、实施、评价过程）教师所采用的教学方法。对一件产品进行生产、对一次服务进行提供等工作情境中十分具体的典型工作任务也是"项目"。我们在制定"项目"时，应当选取与直接工作有关的内容，这样可以在教学时，有明确的教学内容，并能取得一定的成效。在此过程中，学生还有机会进行决策、实施，并对成果进行展示，通过教师的指导，学生可以进行完整过程的学习，包括项目需求、设计、实施及评价等，进而使培养综合职业能力的目标得以有效实现。在学习和教学的整个过程中，学生不仅需要探索认知层面的内容，还需要进行行动操作的训练，如熟练化训练。同时，还要求学生的心理得到一定的锻炼，形成责任意识。学习过程具有完整性、专业知识具备整合性及成果具有价值性，是项目导向性教学的主要特点。

在过去传统的四段式教学中，即准备、讲解、模仿、联系四个阶段的教学过程中，一般教师讲得比较多，学生的实践相对少，这也造成了学生的主体性、主动性都相对不足。而项目教学要求学习环境设置与真实的工作情境类似，学生要以工作任务要求为中心，进行团队合作或独立进行作业，通过对资料进行搜集、对工作计划进行制订、对计划可行性进行讨论（此阶段教师可与学生一同参与）等，进行决策，进而对计划进行实施，并展示和评价获得的最终成果。在这个过程中，学生不仅对相关专业知识及能力进行了充分了解和学习，其独立解决问题的能力以及合作、交流、反思等能力也都得到了一定的培养。同时，在实施项目教学法时，对于传统教学法中的一些方法也可以进行运用，如演示、讲解等。这些方法可以和其他教学方法配合使用，比如，在进行计划决策的过程中，需要学习和理解其中涉及的专业知识，这时教师就可以使用讲授法进行教学。除此之外，在实施计划时，教师也需要通过演示法等教学方法来确保计划能够有效实施。

在本科院校进行职业化转型的过程中，之所以要选择使用项目导向性的教学方法，主要从两方面进行考虑。其一，从微观层面来看，过去的传统学科教学法中，教师的讲授往往都是"满堂灌"，学生缺乏实践，对知识的理解有限，而项目导向性教学法给学生提供了一个很好的机会，可以对典型工作的各个环节进行了解和体验，这是对传统教学法的一种改革，能够帮助本科院校切实有效地完成职业化转型。其二，在项目导向性教学法中，对于过程的完整性是十分重视的，这就使得在教学过程中，需要花费大量时间，因此，在学习一些简单操作技能时，这种方法并不适用。同时，因为本科院校的层次水平更高，在培养学生时，不能照搬高职专科及以下层次的培养模式，即技术技能培训为主的模式，在对学生进行培养时，只有采取综合性更强的项目导向性教学法，才能更好地培养学生的综合职业能力。对本科院校来说，应用技术型大学才是它们进行职业化转型的方向，而应用技术型大学这一定位也意味着，在设置课程时，本科院校不仅需要对学科体系的知识逻辑性给予更多重视，同时对于职业倾向性也要给予更多关注；在教学形式的安排和选择上，不仅需要重视分科教学，即以内容导向为核心的教学，也不能忽视实践教学，即以行动导向为核心的教学。

（四）专业师资队伍：产学研一体化

本科院校职业化转型的方向是应用技术大学，要建立符合社会经济发展及市场需求的技术大学，就必须建立能够担负起培养综合职业能力人才的师资队伍，这就要求教师不仅要具备扎实的理论素质，同时还要具备一定的实践经验以及应用研究水平，既能够激发学生学习专业的热情，又有助于帮助学生进行职业引导和人生规划。因此，应用技术大学的师资队伍既不同于普通本科院校的师资，更区别于高职院校教师。

提起职业教育的师资队伍建设，无论是从学术研究还是学校办学方面，都会经常提起"双师型"教师这一表达。有关"双师型"教师的概念，最早是由上海冶金专业专科学校仪电系主任王义澄的《建设"双师型"专科教师队伍》一文提出，之后该概念受到了国家主管部门的认可从而流行起来。[1] 但目前学术界对于"双师型"这一概念的内涵还存有较多分歧。一种观点认为"双师型"教师就是要具备双证书，即教师资格证与职业资格证兼备。这种观点使"双师型"教师更容易量化统计与验收，但双证书只能是作为"双师型"教师的入职资格，而不应该是决定条件。另一种观点认为凡是高校教师并且具有中级以上职称的就应属于"双师型"教师，该观点对"双师型"教师提出了层次的要求，但是这种要求过于空泛，一个原因是不是所有的高校教师都拥有扎实的理论素养、丰富的实践经验以及较高水平的科研能力，另一个原因是目前本科院校所开设的专业是根据普通本科专业目录和要求设置的，而并不是所有的普通本科专业都具有应用性、技术性，而中级以上职称是针对所有专业教师而言，因此，此种观点也有一定的争议。还有一种典型的观点认为"双师型"教师是指那些具有教师和技师双重职业素质和能力的教师。此种观点得到了较多支持，但不可否认的是此种观点难以量化教师的素质评价。为了既体现本科院校职业化转型战略中对师资的要求，又使其具有可评价性，我们认为，本科院校的教师具有的应该是集产学研于一体的综合职业素质与能力。

1. 本科院校师资队伍建设情况

本科院校的师资队伍发展，经过了几个阶段。一是师资队伍融合阶段。大量的本科院校建校是在我国高等教育进入大众化阶段国家对高校进行布局

[1]　江利，黄莉.应用技术大学"双师型"教师的误区与超越 [J].高校教育管理，2015（2）.

调整的环境下经过合并重组升格的普通本科院校。这个阶段的师资队伍大多来源于合并之前的专科、职业学院，并跟随着专业、系院的合并而组成新的组合。这些新形成的教师团体面临着人际关系的融合。随着本科院校的建立，其办学层次、办学目标有了变化，这就要求这些院校的教师无论是在自身理论水平还是研究能力上都要与普通本科院校的要求相融合。二是师资队伍扩张阶段。这一阶段受学校发展目标及本科教学工作评估的影响，本科院校为了达到评估标准，大量招聘具有硕士、博士学位的教师，引进具有教授、副教授职称的人才，使得教师数量在短时间内得到快速增长。这一阶段的师资在知识结构上大多是学术型、理论型教师，年龄结构上以中青年教师为主。三是师资队伍优化调整阶段。这一阶段，本科院校在面对国家经济结构调整、产业转型升级的大环境中，在国家大力发展职业教育的背景下，为了提高自身内涵建设，打造品牌特色，师资队伍建设从之前追求数量规模到如今优化调整师资结构，着重对师资进行二次提升，重点打造与建设应用技术大学目标趋同的师资队伍。

然而目前本科院校的师资队伍在职业化转型的战略目标下却面临着很多的困惑，主要表现如下：

（1）教师的知识能力结构无法满足学院人才培养目标的要求。本科院校在师资队伍建设的扩张阶段，吸收了大量具有理论知识素养的硕士、博士，经过几年发展已成为学院规模最大的一批师资力量。但是这批拥有扎实理论基础的青年教师由于缺乏丰富的实践经验，没有业界工作经历，更无法将所学的科学原理转化成直接运用到一线工作领域的实践能力，对学生的实习、就业指导及应对工作要求的技术技能则相对较弱，这对培养本科层次技术应用型人才的院校来说，将严重制约其人才培养质量和规格要求。

（2）原有的教师评价机制不符合学院办学目标的定位。现在依然沿用的教师评价标准主要参照普通本科院校的评价体系，注重传统教学和学术研究，而在研究成果的转化和社会服务的贡献率等方面则体现较少。由于评价体系的导向性，使得本科院校的教师更加注重如何提升学术论文的数量、研究项目的级别，这就必然导致本科院校的师资结构和水平向普通本科学院看齐，结果既无法使个性得到发展，又影响了教师的教学、科研以及社会服务的风气，急功近利，只追求结果。

（3）实践专家的相对匮乏影响专业课程的有效实施。所谓的实践专家，是指既具备完整的知识系统专业教育，在工作实践中又具备丰富的一线经验，具有高度的敬业精神，能够完成较高的复杂任务及反思革新的能力。实践专家担负着培养学生完成工作任务的能力，帮助学生在专业知识和工作实践中建立起密切联系的责任，是应用技术大学的专业发展和人才培养质量高低的重要保障，没有一定数量的实践专家，就没有本科院校未来适应社会需要和学院发展的师资队伍。但是，目前本科院校在引进和培养实践专家的过程中普遍存在着数量不足的问题，而高质量的实践专家更是严重紧缺。这种紧缺主要表现在：一是学院吸引实践专家有困难；二是学院留住实践专家有难度；三是学院自身培养实践专家无论是时间上还是政策上都有一定的不可操作性。

2. 以校地互动为依托的产学研专业师资队伍改造

教师作为专业办学、改革的主体，是顶层设计实施的主要参与者，而学习领域课程设计的主体是教师自身，因而专业课程改造离不开教师这一教育教学活动的主体。

校地互动是学校为理论教师提供实践机会，推动缺乏实践经验的教师走向学生就业的一线，提高其实践经验和职业能力的一种方法。校地互动的内容丰富、形式灵活，通过校企合作、联合攻关、科技服务、技术推广等形式提高教师的应用技术研究能力，使学院、教师积极融入地方经济发展，努力促进科技成果的转化。通过产学研协同创新、专利研发、横向课题研究、参加技术大赛等内容提升教师创业创新能力。

为了达到对现有师资队伍改造的目的，更好地开展校地互动的培养形式，还需要一系列的辅助性措施。一是要制定合理的评价考核标准。合理的考核体系既能够促进本科院校的办学特色，又能切实选拔和培养出符合学校办学定位的师资。评价考核的目的是为了对现有的考评要求适时地进行调整，使之更加符合本科院校职业化转型的需要。二是要注重对教师的过程管理、坚持学术评价的质量与数量相结合等，逐步建立以实绩和贡献为导向的学术评价制度。

三、本科院校职业化转型中专业改造的基本维度

专业设置要体现"产业性"，专业建设对于本科院校的转型发展有着非常

重要的意义。因此，应用技术大学应以技术为核心，以帮助缓减大学生就业难和社会"技工荒"等问题来为社会经济的发展服务。

（一）专业培养目标的调整

随着现阶段产业升级、经济结构调整及劳动力市场变化等客观要求，无论是普通教育还是职业教育都在对各个专业的培养目标做出适应性调整，本科院校正是在这一现实压力下转变发展思路，重新定位适合专业、院校发展的人才培养目标。

人才培养目标调整特别强调目标要符合本科层次技术人才的要求，所以说，本科院校职业化转型中专业改造的人才培养目标既要体现其职业教育特点，又不能忽略本科教育层次。这就要求制定专业人才培养目标，具体可以从以下方面着手：

一要注重人文性。随着社会文明水平的日渐提高以及技术文明进步，企业行业所倡导的道德思想、法律法规以及文化现象将不断被要求体现在职业当中。

二要增强综合职业能力。目前本科院校的专业目录是按照国家统一制定的《普通高校本科专业目录》执行的，而职业院校专业建设则是按照《高等职业学校专业目录》的要求进行，这两个专业目录都无法与具体区域行业、岗位相匹配，由此可能会造成本科院校在转型中对专业定位不准确、人才培养与市场需求不一致的问题。为了克服这一现实的困难，本科院校需要在人才培养目标方面创新思路，而综合职业能力观则可以成为其突破口，通过重视培养综合职业能力，增强学生职业知识与技能，提高其解决实际问题能力以及不断学习能力，这既能改变学生无法适应工作岗位要求的现实困境，又能提高学生适应社会、可持续发展的能力，符合经济社会对高层次技术人才的需求，即突出其"技术性"。

本科院校在转型发展的过程中面临着"两个方面的转型"——办学层次的转型（从专科层次转型成为本科层次）和办学类型的转型（从传统的研究型大学转型成应用技术大学）。这两个方面的转型发展也就意味着人才培养目标的转型，即人才培养目标从培养学术型人才向技术型人才转型。

（二）专业师资队伍的建设

师资队伍建设，对本科院校转型发展而言，具有极其重大的战略意义，在本科院校转型发展过程中所要解决的诸多问题中占据首要位置。在本科院校向应用技术大学转型发展过程中，可以通过"引进、培养、聘用和转型"等途径来为应用技术大学培养一批高素质的"双师型"师资队伍。

本科院校要向技术大学转型，从普通本科教育向本科层次职业教育改变，其师资队伍也需要具有职业教育特色。而"双师型"队伍建设曾是为了帮助中等职业教育、专科层次高等职业教育的理论教师、基础课教师提升其技术技能而提出来的要求，那么，对本科层次职业院校的教师来说，"双师型"教师其内涵就应不断扩充，除了具备理论知识与实践技能外，还要具备一定的应用研究水平。为提高本科院校"双师型"教师队伍建设，从学校角度来说，必须拓宽多种渠道对已有教师进行培训，同样也要对新进教师提出更高要求。比如，一方面学院、院系要加强教师的培训工作。通过与企业建立长久合作关系，形成一系列制度，给教师提供到企业挂职训练的途径，也可以提供让教师与企业员工共同开展应用型研究的机会，还可以聘请企业优秀员工到学校任教，选派优秀专业教师到企业服务等途径来提升现在教师的实践能力，丰富教学内容。另一方面对于兼职教师，尤其是专业实践教师，要从制度上加以约束和完善，也要给予一定的鼓励性政策措施，提高兼职教师中实践教师的比例和素质，使他们更加积极地参与到技术型人才培养中。另外，在从事应用技术研究和社会专业服务方面有成就的教师，评聘时要优先予以考虑；充分利用"互联网＋"的大好形势，开展相关的"产、教、研"活动。

（三）专业创新能力的提升

专业创新能力是指学校内的院系在管理水平、教育服务水平以及科研活动上的创新。要想使专业改造顺利进行，还必须要在配套措施、制度上不断完善。在专业管理水平方面，要改革传统的专业管理体制，将自上而下、行政导向的专业管理改为集群领导、自主管理、市场导向的管理体制。在国家倡导行政部门简政放权的今天，本科院校专业改造过程中省级教育管理部门应更加强调对专业发展的监督和评价，减少审批程序，应给予学校、院系更多的自主权。

在教育服务水平方面，本科院校，一要创新就业信息服务工作，通过市场调研对专业就业信息进行及时更新，追踪毕业生就业质量情况形成分析报告，建立就业信息数据库等方式，从而一改之前被动就业的局面。二要创新学生就业渠道。三要拓宽科学研究范围。科学研究的数量和质量是衡量一所学校、一个专业创新能力的一大要素，无论是普通本科院校还是技术大学，作为本科层次的高等教育，除了要做好教学与社会服务的工作外，还应具备一定的科研能力，这是区别于专科院校的一个标志，转型后的新建地方本科院校，更多地倾向于地方经济社会需求，所以对其科研的定位，应不局限于传统的基础研究，而是更加注重与企业合作的应用研究，企业给予一定的资金支持，相关专业则为企业提供智力服务和产品研发。

第四节　"本科职业教育"和"应用型本科教育"的对比

随着我国经济结构调整、经济增长动能转换和产业转型升级，国家对高技术技能人才的需求越来越迫切，推动职业教育"升级"和试点成为我国职业教育改革的重要举措。国务院在 2019 年 1 月颁发了《国家职业教育改革实施方案》，提出"职业教育和普通教育是两种不同的教育类型，具有同等重要地位。要把职业教育摆在教育改革创新和经济社会发展中更加突出的位置"，本科层次职业教育试点工作也随之展开，截至 2020 年 12 月，教育部共批准了 22 所院校作为本科层次职业教育试点学校。国家的重视也引起了学界和业界对本科层次职业教育的更多关注，一时"本科职业教育""职业本科教育""应用型本科教育"等名词纷纷见诸各类报纸、期刊和网络文章。然而，大家对本科职业教育和应用型本科教育的概念和相互关系的认识还模糊不清，对本科层次职业院校应该如何试点也心存疑虑。本节拟对本科层次职业院校和应用型本科院校进行对比分析，厘清相关概念，并提出本科层次职业院校的发展路径。

当前，本科层次职业教育已经由各地区不同地方高校的尝试变成国家明确提出和推进的高等职业教育改革实践。新升级的本科层次职业院校既不能沿用高职专科的办学模式，也不能照搬应用型本科院校的做法，但可以博采众长，保留、借鉴和吸收高职专科院校和部分应用型本科院校在人才培养方面的有益经验，契合未来区域产业升级和企业对高素质技术、技能型人才的需求，大胆尝试和推进本科层次职业人才培养。

一、坚守"职业属性"的人才培养定位，推动职业教育升级发展

本科职业教育是指以职业目标为导向，以职业能力培养为核心，以职业素质教育为依托，理论教学恰切、实践教学充分的本科职业性教育。[1] 本科职业院校开展本科层次职业教育，需要紧紧扣住"职业"这一教育根本属性，以产业转型升级过程中现代企业的人才职业需求为导向，在人才培养方案制订、课程重组和设置、专业实践实习、创新创业活动、校企合作等方面全面贯穿"职业"特色，并且要在学生的职业能力、职业素养培育和岗位（群）选择上实现层次提升。[2] 与"重实践、轻理论"的专科层次职业教育相比，本科职业院校更强调"理论与实践兼顾"，培养具有更深厚的理论基础、更完整的知识体系、更专精的技术技能，能够胜任高端技术技能相关的职业，并能够融会贯通地进行创新和研发，具有可持续的学习和成长能力的人才。[3] 坚持和突出人才培养过程中的"职业属性"，是本科职业院校区别于同层次其他类型院校（应用型本科院校、普通本科院校和学术型本科院校）的重要特征之一，也是本科职业院校人才培养的立足点。

二、深化"产教融合"发展，促进校企协同育人

纵观发达国家的经济崛起历程和教育强国实践，推进企业和学校合作办学无疑是目前培养应用型人才最行之有效的方法。职业院校在校企合作方面积累了不少有益经验，但是这种合作只是一种低水平、低投入、低效益的伙伴关系，企业和学校缺少有效的互动，企业并没有参与到学校人才培养的方方面面中去。本科职业院校必须谋求更深层次的校企合作，才能完成培养高层次复合型技术技能型人才的使命。

首先，本科职业院校要评估和依托自身的专业优势和资源，遴选符合国家产业转型升级要求的具有雄厚实力的企业，借助国家政策、地方政府和行

[1] 伍先福，陈攀.职业本科教育的内涵及其办学主体 [J].四川教育学院学报，2011（9）：16-19.

[2] 张元宝，沈宗根.本科职业教育视角下的应用型人才培养 [J].教育与职业，2018（13）：57-62.

[3] 吴学敏.开展本科层次职业教育"变"与"不变"的辩证思考 [J].中国职业技术教育，2020（25）：5-13.

业协会的力量，积极推进校企高水平合作。其次，面向区域优势产业和企业，统筹考虑学校应用型人才培养计划和企业的用人机制与需求，推进校企良性互动。本科职业院校依据社会企业对高技术技能型人才的需求进行专业设置，邀请企业与学校共同进行人才培养方案的制订、实践实训课程的授课、人才培养质量的反馈、实训实习基地的建设等。而学校除了承担企业的员工职业培训，为企业的生产、运营和管理输送合格的技术技能人才之外，还直接参与企业的新工艺、新产品、新技术的研发和创新。最后，在产教深度融合、协同培养人才的过程中，企业和本科职业院校逐步形成命运共同体。学校为企业的日常管理、生产运营、研发创新等持续输送新型人才，也借助企业的平台来完成人才培养各环节的工作，提升学生的专业技术应用能力、职业能力、创新能力和素养。双方共同完成高层次技术技能型人才的培养目标，推动社会进步。

三、优化教师队伍结构，强化"双师型"教师技能

为了实现人才培养层次升级，本科职业院校培养的学生必须具有一定深度的理论知识、技术技能应用能力、技术研发和创新能力等，这对教师提出了更高要求。如何建设一支产业实践经验丰富、产学研能力强、教学能力突出的教师队伍，是目前迫切需要破解的难题。

首先，专职和兼职聘用并举，提高引进人才的产业行业实践经验和专业技术门槛。提高从事一线生产、管理、研发的技术人才在教师总数中的比例，加大对行业经验丰富的高层次技术技能型人才的引进力度。其次，对现有师资定期开展技术技能培训、知名企业实践锻炼、国外进修等，要求教师必须取得相应专业、行业的中级及以上水平的职业技能证书，提高他们的专业技能和职业岗位能力，强化"双师型"教师队伍建设。[1] 最后，健全和创新教师的评价制度，完善薪酬和绩效激励、职称评定、科研和技术创新奖励等，引导和激励教师投身到自己所擅长的领域进行不懈努力和奋斗，为全面提升本科职业人才培养质量提供强有力的师资支撑。[2]

---

[1]　韦文联. 能力本位教育视域下的应用型本科人才培养研究 [J]. 江苏高教，2017（2）：44-48.

[2]　张海宁. 德国应用技术大学办学对我国本科职业教育发展的启示——以德国卡尔斯鲁厄应用技术大学为例 [J]. 中国职业技术教育，2020（3）：49-53.

四、培养职业技术和提升人文素养同步，促进人才全面发展

高等职业教育是培养奋斗在生产、建设、服务和管理第一线的高素质技术技能人才的教育。社会所需要的人才首先要有"高素质"，其次才有"技术技能"。[1] "高素质"不仅仅体现于技术精湛，更体现于人文素养深厚，缺乏人文素养的人才犹如只会工作的机器，缺少灵魂的温度。本科职业院校要做好顶层设计，摒弃"重技术轻人文""追求短期效益成果而忽视人的长期发展"的陈旧思想，在人才培养目标、课程研制、教学实践、企业实习、校园活动环境等多个方面融入人文精神教育，充分发挥学校人文、社会学科的作用，同步进行人文素养教育和技术技能教育，让学生接受人文主义的熏陶，提高综合素养，为实现学生的全面发展奠定基础。

本科职业教育的"德"，集中体现为职业道德。本科职业院校在进行专业理论知识、技术技能传授的同时，需要弘扬社会主义核心价值观，结合各个行业的职业（或职业群）道德育人，把诸如精益求精、匠心精神、忠于职守、乐于奉献、勇于创新、家国情怀等优秀的精神品质以丰富多彩的形式展现给学生，在无形中塑造他们的人格，为学生一生的工作、学习和生活奠定基础，培养德才兼备、能于工作、乐于生活、勇于创新的可持续发展的高层次人才。

发展本科层次职业教育产生于国家产业转型升级对高技术技能型人才的需求背景，也是推进我国高等职业教育改革的重要措施。国家除了推动地方普通高校向应用型高校转变，鼓励发展应用型专业学科，也推动本科职业院校开展本科层次职业教育试点。本科职业院校要坚持"职业属性"的本质和办学定位，在产教融合、师资队伍提升、学生职业技能提升、综合素养培育等方面大胆尝试、敢为人先、不断探索，为国家产业升级、企业转型提供人才支撑。[2]

[1] 杨德山.高职院校人文教育的缺失与回归[J].中国职业技术教育，2019（22）：89-92.
[2] 殷红卫，胡朴."本科职业教育"的发展路径：基于"本科职业教育"和"应用型本科教育"的对比分析[J].江苏高职教育，2020（4）：1-6.

第三章 职业本科机械类专业的人才培养

第一节 职业本科机械类人才培养的定位与转型

一、职业本科机械类人才培养的定位

（一）职业本科机械类人才培养的新需求

1.“工业4.0”对人才的新要求

“工业4.0”具有高度自动化、高度信息化和高度网络化三大基本特征。“工业4.0”的自动化将导致工业形态发生改变，特别是企业工作者的角色和地位将发生较大的改变，这要求新型工人拥有新的知识和技能，并能够与机器人进行协作。高度信息化使机器人协同工作轻松达到，由于互联网技术在生产制造领域的广泛应用，将更容易提高生产效率，形成学习型生产系统。

“工业4.0”时代的技术高度发达，大量机器人的应用实现了高度自动化，无所不在的计算将导致高度信息化得以实现，加上真正的CPS（Cyber-PhysicalSystems，信息物理融合系统）带来高度的网络化，传统意义上的工人、经理等将不复存在，“工业4.0”生产体系的自组织能力，将模糊工人和经理之间的界限，也许每个人都是生产者，每个人也同时是管理者。

“工业4.0”的三大高度化特征合一就会实现所谓的智能化。

“工业4.0”的核心元素是多种信息物理系统共同作用的“智能工厂”。简单来说，信息物理系统将生产、物流、工程、管理及互联网服务等多种流程结合起来。通过传感器，系统收集独立的数据，通过数字服务进行数据交换，

并有能力基于已处理的数据开始作业，相互自主控制。

因此，"工业4.0"对专业人才具有如下的要求：

（1）工厂规划人也需要信息技术以及生产技术等方面的知识。

（2）技工需要更多的机电一体化实践经验，迅速解决设备停运问题。

（3）工程师和软件工程师需紧密合作，因为智能机器需要靠运营良好软件的支撑，所以机械制造行业需要更多关注软件开发。

（4）技术工人工程师所表达的范围已经不再仅仅是传统的手工劳动，还包括越发重要的特定的编程技能，以及复杂系统的控制、操纵和设置技术。

根据上述要求可以看出，工业4.0导致了对优秀员工标准的转变，人机交互及机器之间的对话将会越来越普遍，员工从服务者、操作者转变为一个规划者、协调者、评估者、决策者。

2. "中国制造2025"对人才的新要求

人才为本是"中国制造2025"的指导思想。坚持把人才作为建设制造强国的根本，建立健全科学合理的选人、用人、育人机制，加快培养制造业发展急需的专业技术人才、经营管理人才、技能人才。"中国制造2025"是以"工业4.0"为蓝本，在此背景下，工业生产将实现个性化、定制化，从而达到高度的灵活性，极大地提高了生产效率和资源利用率，传统的技术、生产与人的关系将发生改变，制造流程不再是一家企业的单个行为，而将实现纵向集成，生产的上中下游之间的界限将更加模糊，生产过程将充分利用端到端的工程数字化集成，人将成为生产过程的中心。因此，它对人才提出了全新要求。

（1）智能生产系统将完成大部分的简单劳动。智能工厂里的员工不再是简单的操作工，而主要是产品的设计者和智能生产系统的管理者，需要极高的分析问题、解决问题的能力。

（2）由于生产流程的动态性，小批量、个性化生产将成为主流，产品的最终形态将与生产者密切相关，而不是像传统工业生产中那样只与设计者有关。"工业4.0"模糊了设计者与制造者之间的界限，跨学科能力成为"工业4.0"时代的人才特征。每个生产者都将成为产品形态的设计者、创造者，所以即使是一线生产者也需要掌握丰富的产品安全知识。

（3）"中国制造2025"明确提出十大重点领域，每个领域都需要大量高端技能型人才，与传统的高端技能型人才不同的是，他们不仅要有精湛的操作技能，更应具备对智能网络高度的理解与运用能力。

根据上述要求可以看出，人在智能制造过程中的角色将由服务者、操作者转变为规划者、协调者、评估者、决策者，不仅需要专业技术人员承担起智能设备的设计、安装、改装、保养工作，还需要对相关信息物理系统、新型网络组件进行维护。

此外，智能生产还要对生产设备模式、框架结构、规章条款不断进行优化，相应对管理水平的要求要比以往高许多。[1]

（二）职业本科机械类人才培养的目标

1. 全面培养复合型人才

"中国制造2025"明确提出加快新一代信息技术与制造业深度融合，传统制造业在转型升级的大背景下，其生产方式呈现出多技术、多学科融合的新特点，机械制造岗位能力需求进一步升级，越来越多的企业更加看重多元、复合型人才。传统机械操作岗位逐渐消失，即使是较为简单重复的数控设备操作劳动，比如数控车操作工、数控铣床操作工、数控镗床操作工等逐步会被机器人代替，传统的工厂逐步成为智能工厂，智能工厂里的员工不再是简单的操作工，而是成为既懂产品设计，也懂数控工艺、自动编程软件操作，还懂智能生产系统的管理等复合型人才。在目前的课程体系中，许多学校考虑到数控中级工或数控高级工考证通过率问题，给学生安排了大量数控机床操作实训，以至于出现学生只会设备操作，而对设计、材料、工艺、设备维护等知之甚少，这一现象不利于毕业生后续职业发展，因此，我们可以适当减少机床操作实训，而增加数字化产品设计如 CAD/CAM 课程的课时，抑或适当增加数控加工工艺课时，改变重设计轻工艺的思想。另外，也可增加数控机床故障诊断与维修方面、生产管理等方面的知识。尽量做到培养对产品数字化设计、零件选材、制造工艺、设备操作与维修、生产系统管理等各方面都涉及的复合技能型技术人才。

2. 精准培养创新型人才

"中国制造2025"中提出5条方针，即创新驱动、质量为先、绿色发展、结构优化和人才为本。其中第一条就是创新驱动，说明"创新"在驱动现代制造业中的重要作用，指出要把"创新"摆在制造业发展全局的核心位置，

---

[1]　苏学满，孙丽丽."中国制造2025"背景下制造业人才的新需求[J].科教文汇（中旬刊），2016（2）：64-65.

要想从制造大国向制造强国迈进，具有一定创新能力的高技能技术人才是必备后盾。

目前我国制造业人才培养规模位居世界前列，但是尚不能满足"中国制造、中国创造"的需求。教育主管部门早就意识到创新能力培养的重要性，由教育部高校机械科教指导委员会主办的全国大学生机械创新设计大赛至今已经举办了8次，江苏省在各大高校积极推动大学生创新创业实践项目进行省级立项，并进行资助，这些措施都是为激发各院校积极培养机械设计、制造的创新人才。在高职院校中，由于学生基础薄弱，大多数学生对理论知识的学习往往缺乏兴趣，在这样的生源下，我们如何培养高职学生的创新意识，这需要在大一下学期选拔基础知识较好、动手能力较强、喜欢思考的个别学生参与到创新社团中，让大二、大三的学生带领大一学生参与到创新训练，通过对创新社团成员开设机械创新设计选修课，帮他们组织机构创新设计竞赛、零件的加工工艺创新设计竞赛等活动，精准培养学生具备一定的创新意识、创新思维及创新发展能力。

3. 精细培养匠心型人才

"中国制造2025"中提出"质量为先"。中国制造中"创新是灵魂、质量是生命"，质量这一课必须要补，并提出"主要行业产品质量水平要达到国际先进水平，形成一批国际知名品牌"的要求。培养学生的工匠精神是不可能通过几门课程、几次活动就能达到的。在生源质量逐年下滑的状态下，通过观察，目前大多数高职学生有一个共同特点：欠缺吃苦耐劳和奉献精神，如何让这些学生在3年大学生活中逐步建立产品质量意识，树立工匠精神呢？从学院层面时刻传递正能量，开展校园文化宣传、加大优秀教师或优秀学生的典型事迹宣传，通过思想政治教育课程有侧重地强化学生的职业精神培养。作为专业教师的我们，有必要让学生意识到自己在就业时从学历上没有任何优势，这就是目前的就业现状。

想改变这种就业现状，想在企业中立足并取得成就，不仅需要突出的职业技能，更需要踏实和精益求精的工匠精神，让学生意识到职业精神的重要性。高职院校在实践教学过程中既要增强学生的技术水平，也要关注职业素养的形成，通过学生的主动参与和切身实践，让工匠精神深深地烙印在学生的言行举止之中，内化为精神内核和文化基因。[1]

[1] 冯利."中国制造2025"背景下的机械类专业人才培养目标再思考[J].江苏科技信息，2018（4）：46-48.

二、职业本科机械类人才培养的转型

（一）机械设计制造及其自动化专业培养目标转型的意义

教育部于 2014 年启动了地方本科院校转型发展工程，目的是培养产业转型升级和公共服务发展所需的应用技术型人才，引导一批地方本科院校向应用技术型方向发展，提高地方本科高校支撑地方产业升级、技术进步及社会管理创新的能力，促进高等学校特色发展，推进产教融合、校企合作。因此，以高校转型为契机，科学确立人才培养目标，突出专业特色，抓住实践教学改革及课程建设这个核心，提高学生实践动手能力，对于提高人才培养质量具有重要的现实意义。

（二）机械设计制造及其自动化专业人才培养目标转型的思路

1. 以改革为切入点，加强动手能力的培养

（1）以实际工程为背景，改革人才培养目标。机械设计制造及其自动化专业正在申报江西省本科卓越工程师人才培养计划。卓越工程师人才培养计划，是以实际工程应用为背景，以社会需求为主线，以培养学生的专业意识、工程素养和实际动手能力为核心，以企业实践的培养方式展开。企业实践环节包括专业实习、课程见习、课程设计及毕业设计等。通过企业深度参与，改革人才培养目标，提高学生工程能力与动手能力。

（2）以机械工程专业为标准，调整学科专业方向。机械设计制造及其自动化专业转型要按通用机械行业标准来培养工程专业人才，因此调整学科专业方向要按照机械工程专业标准要求。在加强机械专业基础的同时，在机械工程学科专业下设置多个专业方向，实现选修课多模块组合，在课程体系设置中强化机械基础知识，同时注意各个交叉专业方向的特点，按照机械工程标准改革人才培养目标，符合机械类专业的实际要求。

（3）依托行业背景，培养企业所需人才。机械设计制造及其自动化专业作为我国工科院校较早开设的传统专业，如何凸显专业人才培养的特色是转型中需要考虑的问题。可从下面两方面来考虑：一是计算机和电子信息技术的飞速发展，为机械学科发展提供了广泛的空间，机械学科与其相互融合发展已成为一种必然趋势；二是新余学院在光伏与光热、材料物理、

电子工程等学科领域具有特色，应该与其他特色学科相互支持、共同发展。要充分发挥现代电子信息技术的特点，结合行业背景，培养企业所需要的人才。

2. 以实践教学为核心突出课程特色建设

（1）以项目引领，培养学生的动手能力。以校企合作项目、教师科研项目、大学生创新创业实践项目等形式，为学生提供各种机会，使学生真正参与到工程实践中。对于机械制造方向的几门主干课程，在已有的实验课基础上，开设相应的专业综合实验课，培养实践动手能力，使学生从专业的基础绘图到制造工艺及设计加工的全过程都得到锻炼。通过直接参与企业的工程项目，培养学生灵活运用本专业知识分析解决机械工程领域实际问题的能力，提高人才培养质量。

（2）课程设置模块化，突出课程群特点。根据本专业的特点，设置模块化课程，突出专业课程群来实现人才培养目标。通过分析机械课程体系的层次，进一步优化课程结构，将原有的课程划分为基础课程和特色专业课程，即以机械基础理论为主要内容的机械工程基础课程群，以机械设计制造为主要内容的机械设计课程群。考虑到不同专业方向知识点的连贯性，构建模块化主干课程群，以课程群的建设促进优秀教学团队的建设，以课程群的建设带动主干课程建设，这对优化教学结构、改进教学方法、提高人才培养质量具有重要意义。

第二节　职业本科机械类专业核心职业能力的培养

一、核心职业能力培养的理性认识

（一）核心职业能力的内涵

不同国家、不同地区，对职业核心能力的说法不一，但在核心理念与内涵上，基本趋于一致。塞吉拉夫认为（2017)，核心职业能力是完成工作所需具备的关键性职业能力，而且对这一组织中的所有成员来说，是应该共同拥有的职业能力，并能够在完成工作之后为组织带来高绩效，包含跨领域所需要的知识、动机及行为。

核心能力又称为关键能力，是从业者想要获得本行业的认可，能够长期稳定地胜任本职工作而不会被单位其他工作人员淘汰的最有力的保障。作为一个任职稳定的工作人员，拥有其所从事的本行业所需要的关键能力，也就表明他在此岗位上、在职责范围内具有发言权。

近年来，高职院校对职业核心能力这一概念分外关注，并形成了自己的见解。本研究认为，高职学生职业核心能力是高职院校学生在校就读期间必须通过学习、培训、进修等方式使自己具备在以后的工作岗位中所需要的一种必备能力，是推进高职学生就业后能够在本岗位上持续发展的一种能力，也是他们在将来的工作岗位上能够从容面对职业的一种通用能力。

机械类专业是在原来的机械制造技术上的升级，是一项经过行业不断发展而演变的新陈更替专业，延续了传统机械加工项目，又添加了现代工业化元素。该专业所面向的就业岗位主要是机械设计院所、机械加工厂、重工机械操作、现代数控等行业。培养机械类专业专门人才，对就读职业院校的高职生而言，该专业毕业生可从事的工作必然是要和机械长期打交道，或者与电脑等一体化设备长期交流，如计算机辅助加工（加工中心）、计算机辅助制造（机器人）、计算机辅助管理（数据管理系统）和数控技术（CNC）等。本专业学生以学习机械制造的基础理论为主，其中包括微电子技术、计算机技术和信息处理技术的等自动化基本知识。

高职院校机械类专业学生职业核心能力是指学生的在校就读期间必须通过学习、培训、辅修等方式使自己具备在以后的工作岗位中所需要的一种必备能力，是推进高职学生就业后能够在本岗位上持续发展的一种能力，也是他们在将来的工作岗位上能够从容面对职业的一种通用能力。

（二）自我优势的职业转化

1.兴趣的职业化

职业兴趣是指人们对某种职业活动的关注程度及对乐于从事某职业活动具有比较稳定的、积极而持久的心理倾向。职业兴趣是人们职业生涯取得成功的重要推动力，浓厚的职业兴趣能够最大限度地挖掘人的潜能，使人长期专注于某一方向，付出艰苦的努力，并最终获得事业的成功。

职业兴趣的形成和发展要求个体具备一定的素质。在个体职业生涯中，个人本身的性格、能力及其参与的活动生存的环境都会对职业兴趣的形成产生重要影响。所以，在规划未来的职业发展时，需要考虑到个人家庭环境、生活环境等因素的影响。

（1）职业兴趣的影响因素。职业兴趣的影响因素来自家庭、社会、自身等方面。职业兴趣的形成与所处的历史条件、实践活动和自身能力有着密切关系，概括起来，影响一个人职业兴趣的因素主要有以下四个方面：

第一，家族传统方面。我国重视家族传统的文化因素对于求职择业影响较大，家庭环境的熏陶对个人职业兴趣的形成具有十分明显的导向作用。一个人最初的职业认识大部分来自家庭，来自父母的职业情况，因此，一个人的职业兴趣不可避免地带有家庭教育与家族传统的印迹。个体的求职择业常常受到家族长辈对职业选择的影响，在确定职业时，需要经过家庭的统一协商才能确定。

第二，个体接受教育的程度。职业兴趣会受到个体受教育程度的直接影响，所有的社会职业都会对从业人员提出具体的要求。一般情况下，要求涉及知识和技能两个方面。求职者的知识掌握、技能掌握一般情况下需要依赖教育，所以，受教育程度会对求职者的职业兴趣、职业取向产生重要影响。如果求职者学历较高，那么通常情况下职业取向会覆盖到更大的领域。

第三，社会舆论导向。传统文化、社会习俗及国家政策会对就业产生直接影响，尤其是国家的政策导向，会在很大程度上主导毕业生的就业。除此之外，传统观念也会对个人的职业选择有所限制。

第四，职业需求。社会职业对求职者提出的需求，会在一定程度上引导求职者的职业兴趣发展。职业提出的就职要求可能会强化求职者的个人能力提升，也可能会抑制求职者一些不切实际的想法和取向。除此之外，如果求职者对某个职业感兴趣，那么职业要求也可能会改变求职者原本的职业取向。

（2）职业兴趣的培养途径。当下我国的就业形势非常严峻，但是，这并不代表个人要随意进行职业选择。个人不能仅仅将职业看成是某种谋生手段，还要考虑职业能否实现自我价值。个人在选择职业时，需要考虑自身兴趣，选择与兴趣相符的职业。大学生应该客观评价、分析自己的职业兴趣，与此同时，考虑社会环境是否有助于个人职业理想的实现。

人可以主动认识世界和改造世界，个人的职业选择也应该是一个动态的过程。人的兴趣可以培养，职业兴趣也是一样。虽然职业兴趣一旦形成就具有一定程度的稳定性，但个体可以通过主动培养自己的职业兴趣，改善求职择业状况。

培养职业兴趣主要有以下四种途径：

第一，广泛兴趣。广泛兴趣指的是个人对很多职业、很多领域都有兴趣，如果个人的兴趣比较广泛，那么，通常情况下他会形成更开阔的眼界。在解决问题时，也会从多个角度进行分析，这样的人在进行职业选择时选择范围比较广。

第二，中心兴趣。虽然人应该培养广泛兴趣，但是广泛兴趣不等于兴趣泛滥，兴趣培养需要有重点，这样才能做到学有所成。因此，大学生需要培养自己对某一个职业的兴趣。

第三，兴趣应该是长久稳定的。兴趣的培养强调稳定长久，不持久的兴趣并不是中心兴趣，不值得投入主要精力，不是值得深入钻研的发展方向。只有兴趣稳定才能在事业上取得更大的发展成就，个体应该分析自己的能力，判断是否能够长久稳定地坚持某一兴趣。

第四，参与实践活动。实践活动有很多类型，如小组学习、生产学习、社会调查等。各种各样的职业实践活动有助于培养个体的兴趣，有助于让个体形成更清晰的自我认知。

（3）兴趣与职业生涯发展。兴趣对个体的职业成就感、稳定性及工作满意程度有直接影响。从现实角度出发分析，可以把兴趣理解成职业和非职业两种。每一种兴趣都有对应的职业存在，但是，在某一个职业中并不能体现个体的所有兴趣。所以，在选择工作时，个体应该让工作内容和个人兴趣之间保持一个相对平衡状态。

第一，兴趣是职业幸福感的来源。如果从事的工作是自己的兴趣所在，那么工作和生活会很愉快。从事自己兴趣浓厚的工作，会使工作效率更高，更容易获得满足。由此可见，兴趣对职业发展的影响是职业走向真正成功的关键因素。因为对职业有兴趣，在工作过程中就容易投入，并享受这一过程，容易出成绩，即使遇到不如意或挫败也能快速调整心态坚持下去。

第二，兴趣影响职业生涯的发展。稳定的、积极的兴趣可以让人在具体的活动中表现出较高水平的主动性和自觉性，如果个人按照自己的稳定性去选择职业，那么在从业过程中兴趣将会推动个人的职业成长，让个人取得更大的发展成就。

人在进行职业选择时，会受到发展需要的影响。个人的发展需要是非常重要的影响因素，该因素不容易被察觉。人在产生需要之后就会形成动机，在动机比较强烈的时候就会形成兴趣。从这个角度来看，兴趣对职业进行选择是外在因素，个人的需要才是内在因素。

兴趣是内在自我认识中的一个方面，可以为职业生涯选择提供有效的信息。但兴趣并不代表能力，对某一职业充满兴趣并不代表能做好这个职业。同样，如果具有某项工作能力但缺乏兴趣，又不重视培养，那取得职业生涯成功的可能性也比较小。

2. 能力的职业化

职业是胜任力的先决条件，大学毕业生的工作胜任力一直是用人单位最为关注的能力。胜任力针对的是一个人的职业工作绩效，强调个体的潜在特征，并可用一些被人们广泛接受的标准对它们进行测量，而且可以通过培训与发展加以改善和提高。基于此，下面对个体的胜任力与其工作具有的关系进行分析。

（1）职业能力。一个人的能力可以从各个角度去描述，如观察力、注意力、记忆力和理解力等。心理学家在关于能力的研究中，根据个人能力特点与职业成就之间的规律，将与职业成就和职业满意度相关的能力分为以下三种：

第一，知识性能力。在学校学习的具体科目，如计算机编程、质量检测等，就是为了培养学生的知识性能力。它的特点是不容易迁移到其他工作中，一般需要经过有意识的、专业的培训，并通过学习和记忆掌握一些特殊的词汇、程序和学科。如拥有计算机编程的能力的人，却无法做一名服装设计师。

第二，适应性能力。它是人们进行自我管理的能力，也被称为情商，指的是个人的特质。适应性能力包括自我觉察、情绪管理、自我激励、认知他人情绪和理解他人情绪等 5 种。这一能力能帮助人们更好地适应周围环境，以及在环境中更好地调整自己。适应能力可以从日常生活领域迁移到工作领域。

（2）自我能力的提升策略。

第一，要为自己的生活和工作设立目标：目标是给自己树立标杆，使自己有个奋斗的方向。有个明确的目标能够让人清楚地认识自身与目标之间的差距，从而去努力提升自己的能力的缩小差距。

第二，积极组织参与各种校内外活动：在活动中可以提高自己的组织管理能力和人际交往能力等。

第三，积极竞选班级或学生会干部：班级或学生会的日常工作能让自己的工作能力、组织协调能力等得到充分培养。

总之，能力的提升方式是多种多样且不固定的，只有当人发现自己在某种能力上有所欠缺的时候，才能针对性地去提升这种能力。所以，在日常生活当中，大学生应该不断地对自己进行反思和总结，及时发现自己能力的不足，完善自我。只有这样，大学生才能在日后的就业过程中提高自己的就业竞争力，使自己在众多的求职者中脱颖而出。

（三）核心职业能力构成要素

高职院校往往根据院校专业群建设现实特点来界定核心能力。通常情况下，专业群体内的各个小专业中，其人才培养的目标、人才培养规格、课程设置等，几乎相当接近。各专业具备相同的职业核心能力、技能要求。机械类专业学生的职业核心能力根据专业能力与技能要求主要包括以下构成要素：

1.技术交流与沟通能力

不可否认，任何一个学生，在进入职业院校时，均具备一定的交际能力，或者说具备一定的沟通能力。当学生选定专业后，他的人际交往能力就被赋予了新内涵。机械类专业学生在学习中应当能够做到：正确选择信息渠道、收集和获取各种信息、评估信息所包含的所有内容；识读与使用机械图样、零件清单且能草绘图形；整理、使用、保存各种文档、技术资料、相关的规范和条例；有目的地与学习小组内其他同学、老师进行有效交流；能够主持小组讨论、记录与展示讨论结果；能够使用一定的信息、技术资料与数据、完成报告。因此，从业者必须加强与他人的交流和沟通，了解行业是否能够清楚地表达自己的想法和意见，是否善于听取他人的意见和建议，对于相关技术问题，是否能够主动与他人进行沟通交流，面对他人的批评和指责，是否能够大度地承受，是否能够坚持自己的想法。如果在双方的关系不熟的情况下，学生是否能够就事论事，会大胆地表达自己的意见，还是保持沉默，其目的在于了解。

2. 工作计划与结果评定能力

工作计划与结果评定能力是作为机械行业人员必须具备的专业性能力，这种能力包括以下具体要求：在满足工作任务与场地要求之下，能够按照加工方案、图纸、数据等评定加工难度，并合理选择实验、加工设备；在符合经济性与交货时间、加工进度等的前提下，计划、实施加工流程；按照业务双方约定的时间检查、搬运直到准备好工具与材料；跟踪加工任务或记录生效订单的完成情况，并监督加工进度；检验、描述、问题的选择解决方案，并能够对生产的经济性进行有效评估比；全面利用各种学习方法和技巧，不断完善、优化加工程序；全面了解自我情况，确定自己在工作中的能力不足并明确需要参加哪一系列的学习或培训；检查、判断、记录加工结果，制订小组工作计划和评定程序。

3. 生产准备与执行生产任务能力

作为机械类专业人才，能够有效判断被加工材料的特性，并根据加工需要来选取与分配材料；对已使用完成的材料和辅助材料进行清理；在接受新的加工任务前能够提前做好准备，如机床的确定，设备是否正常运转，工具与夹具、定位夹紧工件是否到位；将相同或不同材质的零件装配成部件或产品。换言之，机械类专业学生在实施加工、生产时应该对加工前需要进行的工作有较为全面的把握，特别是机械的选择方面要稳操胜券，因为合理选择机械和加工方式，是促使加工顺利完成的基础，这项能力作为专业机械人员必须要具备。同时，对上级下达的任务，应该具备足够的执行能力，接到任务后能够按要求、按规格、按时间完成加工，并能够经得起其他仪器的检测。不能耽误工期，要能够使订单在可控的范围之内完成。

4. 机械设备的保养能力

任何工种，从业者必须拥有一个顺手的工具，对机械类专业的学生来说，自己所操作的机械就是其工具，这项工具必须长期保养，以延长其使用寿命。因此，作为专业机械人员，应该学会如何对机械进行保养，以延长其使用寿命，提高加工质量和速度，尽量减少失误，避免因机械问题而耽误加工进度。检查、维护和保养机床设备，并进行正确记录是机械专业人员的具体要求，机械人员必须全面熟悉机械性能，掌握机械的周期性规律，对可能出现的问题应该有一定的预估；发现待修复的零部件、判断机械故障与安排维修。摸清机器性能，给机器制订定期和不定期的维护保养计划。机械设备的保养能力是机械专业人员的专门能力，这项能力之所以被列为职业核心能力是因为直接关系到其就业后的稳定性与发展问题。机械保养得好，使用就顺利，工作效率越高。

5. 对专业的理解与适应能力

由于职业分工日益细化，同一大类专业中，各小专业之间同样存在一定的细微差别，同时，学生在学校所学到的技能也不可能百分之百与未来企业完全吻合。换言之，所有学生，即使其技能水平再高，他们在校企合作中表现相当突出，但一旦走进企业、走上工作岗位，必定有其需要重新面对、重新接受的新东西，因此，学生应该具备对新事物的理解与适应能力。

为了帮助学生实现角色转换，快速适应职业岗位的特殊要求，能达到现代企业对员工的特殊要求，成为既具备扎实的专业基础知识，又掌握一技之长的高素质技能型人才，机械类专业学生应该从入学开始，或者从专业群建设开始就注重培养自己的理解能力与适应能力。学生对未来职业内容的设想，是否对未来就业新环境有所了解，是否感觉不安、恐慌，是否能够胜任等，面对新的环境，是主动去调整自己，还是在逼迫之下调整，还是勉强适应环境的变化，在新环境面前是积极面对还是消极应对。

6. 自我保护的能力

学生走进职场，社会上一切风雨他们均需要独自面对，包括法律层面。从事生产劳动也是如此，他们必须独立面对一切工作和生活中所发生的一切，法律问题是他们作为公民无法回避的。如劳动合同，这是走上工作岗位所要做的第一件事，就是与用人单位签订劳动合同，此时，他们需要具备一般的法律知识，合同要建立在合理的基础上，那么，什么才算合理？这是作为学生在初任职之时应该掌握的。比如说，当签订好合同以后，用人方出现违约，强行加班，不按规定休假，不按时发工资，拖欠工资，无故裁员不给予补偿，不给员工买保险等，这时候，学生应该能够拿起法律武器来保护自己的合法权益。

7. 工作安全与环境保护能力

机械行列中，各个动作车间均存在一定的风险。坦言之，风险规避、预防，这是从业者首先要考虑的和要做到的。安全责任重于泰山。安全确实无小事，因此，学生在校接受教育与培养期间，学院必须加强工作安全教育，这是学生职业核心能力培养的重要组成部分。机械行业任何一个工种都相当辛苦，特殊性强，而且，机械生产过程中，切削屑、加工液等，极易造成环境污染，因而必须加强环境保护，使加工空间卫生良好，以免影响正常加工。机械加工不比其他类型加工，精度是要素，而任何污染均有可能影响加工精度，且加工设备对环境的要求很高。有些精密仪器对环境的要求超出其他任何车间，如需要具备无尘空间、温湿度控制必须精准等，因此，学生必须具备环境保护能力。

通过该能力培养，机械类学生要能做到：工作中可能会发生的危害，定期查看预防措施；相关职业的劳动安全规范，避免事故发生；遵守防火条例，能描述火灾等事故发生时应采取的消防措施；遵守环保条例，明确企业的责任和贡献；能描述事故发生时应采取的行动和急救措施；尽可能使用经济的、无污染的能源和材料。

（四）核心职业能力的特征

本研究通过归纳总结认为，高职院校机械类学生职业核心能力作为专业领域内的一种综合能力，是本专业学生在从业之前必须具备的能力，这种能力具有普适性、可迁移性、可塑性、稳定性等多重特征。

1. 普适性

普适性是指职业核心能力在不同的环境、工作系统中被广泛应用，无特定应用时空等条件的限制。如解决实际问题的能力，无论哪一行业人员，或者当前处在什么样的职务，他们均需要在突发事件来临时具有解决和应对的能力，机械专业也是如此，该专业学生必须具备这一能力，在从事机械行业的实际工作中，各种事情均可能发生。特别是突发事件，如安全问题、因操作不当引发的延误工期的问题、因图纸问题导致加工无法进行、因数据错误导致加工无效造成材料浪费等各类问题。

2. 可迁移性

从业者在行业中所具有的核心能力可以通过从业者的行业转换而成，成为从业者所具有的个人能力的一部分。同样地，可迁移性特征是从业者在入职后通过自己发现、自我调整而获得的一种特征，是指职业核心能力在某一环境下一旦习得，就可以被运用到一个环境中，随着从业人员的行业、工种、环境的转换，成为其自身能力的一部分。

3.可塑性

可塑性指这种核心能力可以通过从业者入职后，在岗位上进行的后天培养获得。但从业者自身必须具备可开发的潜力。或者在从业者个人漫长的职业生涯中潜移默化地习得。换言之，这种能力在从业者入职前或许不具备，但是通过后天的培养、辅导等而获得。比如社交能力，许多学生在入职前总是沉默寡言，很少与他人交流，不擅长交际。但是当他入职后，碰到有些问题必须解决，必须与他人相互合作、相互交流才能得到解决。不得已，他们必须跨出一步，与他人进行密切交流与合作，强迫自己培养交流能力。从业者在入职前所存在的各种不足可以通过改善性格、加强入职后的培养等来弥补。有些从业者天生内向，不擅长与人交流，面对问题总是独立沉思。但在职场中他们通过反复训练，不断提升，逐渐地，这些人就能很好地处理人际关系了。

4.稳定性

通常情况下，职业核心能力会贯穿从业人员的整个职业生涯，不因时间消逝而消亡，终身拥有。随着从业人员的岗位调换，内化为其自身的习惯、方法、手段等，能够保持稳定的发挥，其稳定性较好。稳定的职业核心能力是机械类专业学生应该具备的，机械行业的特性决定了任何一个工种均长时间保持绝对稳定。特别是机械运作，稳定性是第一属性，机械稳定才能促使生产稳定，生产稳定才能促使业务稳定。一切稳定来自操作者的个人能力，个人能力高，但不稳定，同样会给生产带来极大麻烦。因此，学生在校期间就应该培养好职业稳定性。

以上四种特性是机械类专业学生职业核心能力的本质属性。正是由于这些属性存在，使得高职院校在培养这一专业学生时，有了较为明确的培养目标。

二、核心职业能力培养的优化策略

（一）增强培养职业核心能力的主动意识

1.提高学院对学生职业核心能力培养的重视程度

职业院校学生职业核心能力的培养，学院自身应该引起高度重视。随着

"中国制造 2025" 目标的不断推进，在企业日益重视人才、重视技能、重视职业核心能力的大背景下。高职院校面临的教育、制度、管理方式方面的改革等已到来。转变高职院校的办学思维和育人模式、更新人才培养观念、创新教育教学手段，根据国家人才培养的需求调整培养方案等，是当前高职院校需要重点考虑的问题。

首先，对于学生职业核心能力的培养，应该不分专业、不分层次、不分系部，全院上下一盘棋，共同谋划。利用现有的各种平台进行职业核心能力培养的宣传，将职业核心能力培养的意识渗透所有教师思想之中。

其次，通过专题会议、报告、专家讲座等，对职业核心能力培养的重要性、可行性、必要性等进行剖析与分解，并通过研讨会的形式对如何进行职业核心能力的培养做出具体的规划。

最后，应该在学院层面设立一定的课题、专业，针对在"中国制造 2025"背景下职业院校学生职业核心能力培养来进行研究，引导全体教师共同研讨。

"中国制造 2025"背景下，高职院校学生应该明白自身使命，积极投入国家建设事业，将自己培养好、发展好、治理好。这就需要学院从正面、从不同角度进行引导与教育。因此，树立学生培养核心能力重要性的意识是提升学习职业核心能力的关键，需要高职院校、各界教育工作者等高度重视。"中国制造 2025"背景下，更新传统的教学理念、育人理念、办学理念，审视目前高职院校毕业生的就业现状，从企业、学生、社会声誉等多个角度进行调查和考证。

摒弃死板的教育模式，纠正不良的，或者与时代主题、与国家目标不一致的教学理念，帮助学生树立与市场经济相匹配的全新教育模式。

2. 提升学生培养职业核心能力的主动意识

高职院校可从两方面来提高学生对职业核心能力的主动学习意识。

第一，树立高职学生接受终身职业教育的意识。"中国制造 2025 背景下"，传统的职业技术教学把职业院校当成一种总结性、一次性的教学模式已需要完全性地摒弃。新的时代背景、新的发展目标、新的规划要求等，必然要求学院进行一定的调整。职业院校自然不可能将学生未来职业岗位的需求全部输送给学生，但是引导的教育是促进意识形成的关键举措。在学院正确的引导下，学生应该抓住一切可能的机会自觉地投入学习，有意识提升自己的职业核心能力，从思想上高度重视。

第二，通过社会和职业实践环境的共同影响，使学生形成对职业核心能力的习惯性思考和正确认识。学生必须意识到专业教育和技能培训的重要性在于这是职业基础，学好专业、搞好技能培训，是学生入职后的敲门砖，是入职提升的前提。而职业核心能力的提升是确保入职后能够具备足够竞争力的关键。因此，职业核心的能力培养关系到学生在未来的岗位上能否具有职业价值，对此高职院校负有重大责任。

3. 强化高职学生的职业核心能力培养要求

高职学生职业核心能力培养，可采用多种方式，正确建立和强化。高职院校应通过教学模式、教学环境的改变来对学生进行意识灌输，给学生营造一种良好氛围。创设环境，潜移默化地帮助学生将职业核心能力应用到将来的岗位。可设置模式职场、组织职场技能比赛。

学院以院级领导部门牵头，设置专门针对学生职业核心能力培养的管理与研讨中心，通过开设专业课程、定期专家讲座、榜样人物的宣讲活动，让更多的学生参与其中，让更多的老师也参与其中，共同建设，共同促进。以会议的形式将职业核心能力培养提上院级会议议程，从上至下让学生明白职业核心能力培养的重要性，帮助学生树立着眼于未来职业规划、前景的意识和观念，为自己的专业发展、职业生涯等定好位。

（二）深入了解市场对人才职业核心能力的需求

学生关于学院所组织的专业培训，对其培训方式、培训效果的评价等，满意度不高，有学生反映，学院花在理论教学中的时间过多，花在基础知识考核、教学上的时间过多，而组织职业核心能力的培训时间较少。久而久之，学生既缺乏对相关专业的学习兴趣，又忽视了核心能力的重要作用。其原因还在于学院深入市场了解得不够，对如何培养学生，如何切合时代发展现状培养人才的了解有所欠缺。因此，学院应该在开设专业前就要对企业人才需求现实情况进行调查。

1. 预先调查，合理专业设置

高职院校要针对"中国制造2025"的总体要求进行市场调查，重点考察市场对人才的需求，对专业的需求。务必深入市场、企业，及时了解，对市场发展动态、企业人才需求现状了如指掌，才能针对性地开设专业。需要掌握的专业知识和技能情况，对已经输送到企业的毕业生和实习生进行访谈，剖析他们对职业核心能力的认识情况。

2.切合市场，及时调整专业方向

高职院校在专业设置方面，在紧扣国家发展目标的前提下，还要紧跟区域和地方经济的发展趋势，专业设置必须坚持以市场经济发展和人才需求为导向，根据各种岗位特性，及时进行调整。制造业是我国长期坚持、始终发展的常规性产业。制造类人才的培养是高职院校的重点工作。具有前瞻性、预见性的考究是保证人才培养质量的前提。

3.改善专业建设与评估环境

首先，可以通过学院的专业评估机构明确高职学生职业核心能力培养的目标要求，并进一步阐明当前的培养现状。同时，进行客观评价，用数据表明是否缺乏、是否有待提高、是否有可革新之处。只有其评估的结果客观公正和合理，改善、提升才可能具有针对性。

其次，让学生树立自我检验、自我提高、自我评估、自我改进的自主评估的意识，并逐步形成一种模式，充分改变"要我学"为"我要学"，变辅为主，变被动为主动。在职业核心能力培养的实践中强调主体意识的形成。

职业核心能力培养中，每一项能力的进步与否，应该得到及时、适时、恰当的评价，用权威说话，用数据说话。从评价内容上来看，形成性评价既是在关注高职学生的日常学习成绩，也是在关注高职学生道德品质、心理素质、与人交流能力、自我学习能力、解决问题的能力等方面的发展现状，有利于学生养成良好职业核心能力。

（三）提升教师的职业核心能力

1.培养职业核心能力强的教师队伍

现有的教师，特别是专业课的水平存在一定的差异，参差不齐，这在调查和访谈时已有所了解。并且学生对教师的实践能力和层次水平的满意度并不高，可以看出，学生对此存在一定意见。同时，专业教师本身对职业核心能力的认识也不是很清楚，对"中国制造2025"的时代大背景的认识同样如此，许多老师并没有接受过职业核心能力的相关教育。因此，教师在实施教学环节中，特别是在专业教育上，无法避免地会继承传统意义上的职业技术教学模式。

高职院校需要提高学生的职业核心能力，提高对社会职业的匹配度和适应性，就必须依时代特征来培养一支对职业核心能力有较为全面掌握的教师队伍。这支队伍是在"中国制造 2025"大背景下完成时代使命的决定性力量。

他们需要的不仅是对专业理论知识深知，还需要具有较强的动手实践能力和操作水平，不仅仅是简单的高学历教师，还需要在企业、社会其他职能部门顶岗实践、实训的经历和经验。只有教师队伍强实，人才培养才有希望，职业核心能力培养才有希望，高素质技能型人才培养才有希望，"中国制造 2025"的宏伟目标才有希望。

2. 引进师资并通过多种途径提升师资水平

在"中国制造 2025"大背景下，高职院校的教师应该是以实践技能为主体的，职业技术教育强调的就是实践技能，这从教师招聘的要求就可以看出。除学历以外，学院对教师还要求具有其他职业资格证，如高级钳工、高级车工、项目经理等，即"双师型"教师。但从调查可知，当前职业院校"双师型"教师却并不多，满足不了"中国制造 2025"的目标要求，缺乏实操经验是客观存在的弊端。

高职院校要培养学生的职业核心能力，必须解决师资问题。学院在建设高素质的应用型教师队伍之时，可通过校企合作将相关专业的企业优秀员工聘请到学校作为兼职教师，充实到现有的师资队伍之中，让学生在好奇与兴趣结合的基础上，学到企业所需的知识与技能，并掌握职业核心能力。

另外，职业院校的教师可以通过多种途径对个人基本素质进行培养和提高，强化自身的职业核心能力的养成。如刚从学校毕业的新入职的教师、选调的教师等，均要按学院要求参与职前教育培训，并需要对培训结果进行严格考核和界定；对一些没有实操经验，只会纸上谈兵的专业教师，学院应该做出一定的处理，或派出到工厂蹲点实习、到企业顶岗培训，真正了解实操实训的过程，以便在教育教学中能够胜任。[1]

---

[1]　许龙．"中国制造 2025"背景下高职学生职业核心能力培养研究——以长沙职业技术学院机械类专业为例 [D]．长沙：湖南师范大学，2018．

第三节　职业本科机械类专业人才培养模式改革

一、确立办学定位，寻求差异发展

从现实角度来看，一方面，不同地区、行业间发展不均衡，职业岗位分工设置也不尽相同，这决定着社会对人才的需求是多层次多类型的；另一方面，职业本科在办学基础和条件上也存在差异性，这就决定了每个学校需要承担不同的人才培养责任，才能实现人才培养的多样化。职业本科在现有高等教育体系之中，应当定位教学型办学和应用型培养，其教育目标应当是培育理论扎实的高技能人才。在这样的定位之下，职业本科就绝不能简单复制照搬普通学校人才培养模式，同时也绝不能将大学生只定位在某一种明确岗位的技能教育上。职业本科应将专业教育与职业教育进行统筹兼顾：在办学定位上，树立职业本科教育的旗帜，以适应经济社会发展需求、同步地方经济转型升级为前提，实现产、学、研融合发展；在培养目标上，结合高等教育大众化趋势和社会经济产业转型背景，以培养适用于生产服务一线的高素质应用技术型人才为主要目标，注重内涵发展，把质量提升作为核心任务，以质量求生存，进入自主发展、内涵发展的良性循环。独立学院向职业本科教育转型，可为自身发展赢得更为广阔的空间，让职业本科毕业生在社会上具备良好的竞争力，并且能够快速适应工作岗位，具备可持续性发展能力。

二、面向社会市场，实现开放办学

职业本科办学历史短、缺乏办学资金、缺少行业企业支撑，致使自身办学与社会实际需求不匹配，进而导致毕业生就业形势严峻，从而出现独立学院招生难的困境，这对职业本科的生死存亡产生了重大影响。正因为如此，职业本科应当积极面向社会市场，实现开放办学，收集社会信息，掌握市场态势，摸清市场需求，主动探寻办学资源，走校企合作之路；同时积极拓展办学经费来源，多方位多渠道寻找社会投资；加强职业本科教育基础设施配套建设，探寻职业本科教育培养模式，培育社会所需要的人才。"理论知识＋职业技能"是职业本科教育的核心方法，职业本科在培养符合社会发展要求的人才时，要将本校学科专业建设与国家经济、学校所属区域、产业结构融合在一起，积极促进区域建设，持续优化专业结构，提升专业与社会经济的融合度。在此过程中，最为有效的途径便是寻求校企合作。在校企合作过程中，学校通过了解企业的需求及企业反馈，调整人才培养目标，按照职业要求，与企业共同设立教学内容，针对性地进行职业本科教育，培养专业人才。职业本科可以通过与企业的资源共享，利用企业的设备、技术弥补学校配套设施不足的问题，同时这也有利于企业的可持续发展。

三、构建双师队伍，丰富培养模式

职业本科人才培养同质化现象严重的重要原因之一，就是没有建立起符合职业本科发展的师资队伍。职业本科的教师结构多由青年专职教师、退休外校教师、兼职教师构成。因退休外校教师和兼职教师长期从事一线教学工作，青年教师又难有企业行业经验，这样的结构难以发展好职业本科教育，因此，理论体系与职业能力兼具的双师双能型教师，才是独立学院开展职业本科教育所必备的师资力量。职业本科要建立一支结构合理、素质优良的适合培养应用型人才的师资队伍，以本科职业教育为导向，加强对"双师型"教师的塑造和培养。深化与企业的合作，出台教师定期实践轮训制度，建立校企"互聘互训"的师资培养机制，选派青年教师到企业挂职，实现"行业专家进课堂，教学专家进企业"的良性互动，促进教师向应用型教师转变。另外，要加大力度引进"双师型"教师，扩大"双师型"教师队伍规模，引进高水平、高技能师资，积极面向企业引进具有丰富实践经验的高级技术人员、管理人员等人才作为职业本科的专兼职教师。职业本科要建立"走出去、引进来"的双向互动机制，深化"双师型"教师队伍建设，打造适应独立学院职业本科人才培养定位的精良教师队伍，切实提升独立学院的竞争力和影响力。[1]

---

[1] 欧阳琼芳.职业本科教育视角下的独立学院人才培养模式改革探析 [J].柳州职业技术学院学报，2019（5）：47-50.

第四章 职业本科机械类课程体系的设置

第一节 职业本科专业核心课程设置

一、确定高职机械工程专业核心课程的方法

在分析机械工程专业职业岗位或岗位群的职业能力的过程中，主要通过以下三个途径：一是企业的机械工程专家、机械工程专业教育专家和高职学院的领导组建课程建设委员会。请课程建设委员会的专家和行家分析、确定机械专业职业岗位或岗位群的职业能力。二是从企业邀请部分机械专业业务骨干作为兼职教师，协助学院分析机械工程专业职业岗位或岗位群的职业能力。三是进行毕业生的跟踪调查，通过毕业生的信息反馈，完善机械专业职业岗位或岗位群的职业能力分解以及职业岗位能力所对应的素质结构、知识结构。

在职业岗位能力分解的基础上，我们确定了机械工程专业职业岗位群的关键能力有机械制造基本能力、机械加工技术能力、计算机辅助设计与制造能力、控制技术基本能力、数控加工技术能力。通过能力分析，以岗位所要求的职业能力、技能培养为主线，围绕知识、能力、素质和个性的协调发展，培养满足面向机械工程行业，从事机械工程行业第一线工作，综合素质较高和一专多能的高技能、应用型专门人才，按照如下步骤确定机械工程专业核心课程：根据机械工程专业职业岗位（能力）要求→分解对应的素质结构和知识结构→确定专业理论课和专业技能课→够用的基础课→必需的公共课，

制订以职业岗位能力为核心、突出职业道德培养和职业技能训练的教学计划，构建"核心课程体系""实践教学体系""素质教育体系"三个体系；要求学生具有基础理论知识适度、技术应用能力强、个人发展能力强、职业素质高等特点；推行"双证书制度"，实现技能考核与社会职业资格证书接轨，突出职业教育的特色。

高职机械工程专业岗位职业能力的"核心课程体系"通过整合分为如图4-1所示的五大模块课程，即机械基础模块课程、机械加工技术模块课程、数控技术模块课程、控制技术模块课程和计算机辅助设计与新技术模块课程。

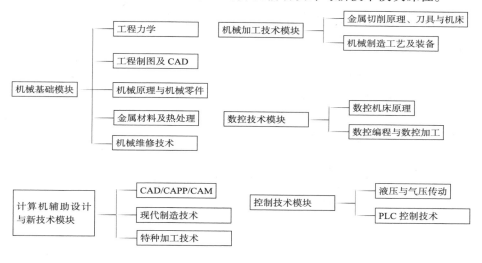

图 4-1　机械工程专业五大模块核心课程

二、高职机械工程专业核心课程建设的理论支撑

（一）"以服务为宗旨，以就业为导向，走产学研相结合的道路"是高职机械工程专业核心课程开发与建设的依据

高职机械工程专业核心课程的开发与建设主要贯彻努力为学生服务、为企业服务、为区域经济服务的方针。"以服务为宗旨"既是高职办学的导向，也是高职办学的目标。高职机械工程专业核心课程的开发与建设就是要建立一套高质、高效的课程服务体系，体系的核心就是服务。服务标准与服务质量要由学生、企业和社会来检验。服务能力与服务质量是高职院校生存与发

展的基础。职业教育最鲜明的特色就是职业指向性，因此，在高职院校机械工程专业职业能力核心课程的开发与建设中，我们努力寻求教育与就业的结合点。所有的教育要素都指向就业、指向职业岗位能力，培养学生具备职业岗位胜任能力和对所有职业具有通适性的核心能力是高职院校核心课程内容开发与建设的核心。产学结合、学研结合和产学研结合是高职教育的有效模式，在高职院校机械工程专业职业能力核心课程的开发与建设中，如何寻求生产与学习的结合点、寻求学校与企业的结合点是机械工程专业核心课程建设的核心。

（二）以职业岗位能力为本位是高职院校机械工程专业核心课程开发与建设的基础

职业岗位能力本位课程体系可用图 4-2 来描述，其特点是：理论是实践的背景，实践内化和提升理论，在实践中学，在实践中构建专业理论知识和培养职业综合素质。职业岗位能力本位的理论课以应用为目标，教学内容紧密结合专业核心能力对理论知识的要求，形成有技术应用特点的理论课程；实践课包括实验课、实训课、实习课、工程训练课、技术训练课、项目训练课等形式，鼓励理论教学与实践训练融为一体的课程形式。第一阶段为通用技术课程；第二阶段为专业培训课程，专业培训课程建立在通用技术课程平台上。

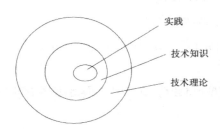

实践
技术知识
技术理论

图 4-2　职业岗位能力本位课程体系

职业岗位能力本位的课程体系建立方法之一：构建职业岗位能力本位的专业课程方案是从机械工程专业分析入手，明确机械工程专业培养学生的目标和机械工程专业职业能力要求，按工作过程组织教学，采用项目教学法、目标驱动教学法及讲授＋网络现代技术教学。

职业岗位能力本位的课程体系建立方法之二：开设机械工程专业培训课程，进行岗位实践训练或进行机械工程专业核心能力的技术培训，并取得职业资格或技术等级证书，以使学生在毕业时确实具备相应的上岗能力；开设产学结合的课程、体验课程，使学生在学习过程中就有一定的实际工作经验的积累。

三、高职机械工程专业核心课程建设的内容

（一）实践性教学环节建设

职业能力的培养是一个由浅入深、由简单到复杂、由局部到整体、由生硬到熟练，再到自如的训练过程。这就是职业能力培养的一般规律。高职机械工程专业实践教学训练体系的设计，遵循职业能力培养规律，将机械工程专业职业能力的培养按基本技能的训练、技术应用能力的训练、综合技能的训练三种类型完成。

1. 基本技能的训练

基本技能的训练主要是指职业岗位或岗位群最基本的操作能力的训练，这种训练主要在课堂或校内实训基地进行，因此也可以称为课堂训练。例如，机械 CAD 设计能力就是在课堂教学中由教师在课程训练中培养完成的。

2. 技术应用能力的训练

技术应用能力的训练主要是指学生通过已经掌握的专业知识和基本技能解决实际问题的能力的训练，这种训练主要在校内实训基地进行，因此也可以称为模拟训练或仿真训练。例如，中级钳工资格考证训练、数控加工职业资格证训练等。

3. 综合技能的训练

综合技能的训练主要是指学生在实际职业岗位上各种能力及创新能力训练，这种训练主要在校外实训基地进行，因此也可以称为实战训练。在综合技能训练中，学校应切实加强对学生毕业实习、毕业论文环节的指导。毕业实习、毕业论文是学生运用已学的理论与技能，发现问题、解决问题、服务社会的好时机，也是学生创新能力培养的好时机。

专业核心能力的培养要坚持不断线。机械类专业的核心能力是机械CAD：CAM 技术应用能力，主要通过计算机绘图—CAD 机械设计—机械CAS/CAM 实训—数控技术实训、实习—毕业设计等实践教学环节来逐步完

成。综合能力的培养主要通过综合训练来完成。在课程设计、综合能力训练、生产实习和毕业设计等模块中，适当增加一些探索性、自设性内容，针对解决一个实际问题，设计出总体方案。

（二）更新教学方法

课堂教学是学生获得知识与技能的主要途径，为确保课堂教学质量，教师必须对学生的能力、态度、兴趣及职业发展方向做出客观的评定，打破传统教学模式，不断探索、更新课堂教学方法。

学生是教师的劳动对象，是教学客体，也是教学活动的主体。教师在教学中应以学生为本，因材施教，在发挥教师主导作用的同时，更应充分发挥学生的主观能动性，使他们真正成为学习的主人。教师在教学活动中可采用理论与实践并重的"讲练结合法"、仿真的"模拟教学法"、设置故障的"问题解决法"、培养创造能力的"目标教学法"和"案例教学法"等先进教学模式。例如，"机械制图与CAD"就是主要采用"讲练结合法"进行教学，培养学生的空间思维能力与空间想象能力；"金属切削原理与机床"采用案例教学法，如讲授车床，我们首先介绍车床各部分组成及功用，再以一个空心轴类零件的加工工艺分析入手→分析外圆加工所需车刀类型、车刀刀具角度选择、切削用量的选择→分析外圆锥加工（车床的调整、车床的传动路线、所需车刀类型、车刀刀具角度选择、切削用量的选择）→外螺纹的加工（车床的调整、车床的传动路线、所需车刀类型、车刀刀具角度选择、切削用量的选择）→分析内圆孔（车床的调整、车床的传动路线、所需车刀类型、车刀刀具角度选择、切削用量的选择）→加工时夹具的选择、车床各种夹具的特点。

（三）建立完善的课程建设保障机制

在高职院校核心课程建设过程中，建立完善的保障机制是确保核心课程建设的有力措施。保障机制的建立应着重考虑以下方面：

第一，核心课程建设应成立院、系、室、实训中心和骨干教师组成的课程建设小组，解决课程建设中的各种难题。

第二，核心课程建设要充分体现教师的个人成长。高职院校要制订与核心课程相关联的教师职业生涯规划。

第三，核心课程建设要作为教师教学质量评价的重要参考，使核心课程的建设融入教师的日常授课中，"天天核心"要成为教师授课的常态。

第四，核心课程建设要有充足的资金支持。核心课程的建设是建设优质教材，建设先进的实验、实习、实训基地的过程，没有充足的资金支持，很难获得优质教育资源。因此，充足的资金支持是核心课程建设的保证。

第五，课程建设要与现代教学相结合，核心课程应研制出纸质教材、电子教材、多媒体教案和各种形式的与学生具有互动性的辅导资料（课外学习资料、课外答疑、课外练习、习题解答等），并有专人负责网上管理和校内资料管理。[1]

第二节　职业本科理论课程与实践课程设置

目前学术界将人才分为学术型人才、应用型人才和技能型人才。学术型人才是指具有坚实的基础知识、系统的研究方法、高水平的研究能力和创新能力，在社会各个领域从事研究工作和创新工作的人才。应用型人才是主要从事为社会谋取直接利益的有关事业的设计、规划、决策工作，把学术型人才所发现的科学规律原理转化成可以直接运用于实践的图纸、计划、方案等形式的人才。技能型人才指在生产第一线或工作现场从事为社会谋取直接利益的工作的人才。应用型人才是介于学术型人才和技能型人才之间的一类人才，它强调应用、注重实践，一专多能的多样化特征，具有可持续发展的学习能力，具有创新能力，具有合作意识和健全的心理品质，是目前社会最急需的人才。以西北工业大学明德学院为例，我们来分析职业本科应用型人才的理论课与实践课的设置。

一、应用型人才培养的要求

西北工业大学明德学院自1999年建院以来，一直秉承西工大"公诚勇毅"校训和"三实一新"（基础扎实、工作踏实、作风朴实、开拓创新）校风，弘扬"明德、亲民、至善"育人理念，坚持"发展优质本科教育、培养优秀本科人才"

---

[1] 胡黄卿 . 高职机械工程专业核心课程建设的探索 [J]. 中国冶金教育，2008（3）：35-38.

的办学定位和"质量立校、特色兴校、人才强校，主动服务地方经济和社会发展及行业需求"的办学思想，致力于培养国内一流的应用型本科专门人才。对应用型本科人才的培养有以下要求：

第一，重视基础。目前应用型人才的培养与学术型人才的培养在理论教学方面有不同方式，学术型人才的理论要深、要精，而应用型人才主要是理解基本的原理和理论，要能把理论转化为实践，所以要重视基础的理论知识。

第二，加强实践。应用型人才相对于学术型人才而言，更突出"应用"能力，满足企业的基本要求，要能够将理论与实践联系起来，用理论去指导实践，同时用实践来理解理论知识，注重实践能力培养是应用型人才培养的特点。

第三，突出能力。应用型人才是知识、能力及素质相互协调发展的高素质人才，在知识方面要有一定的知识广度和深度。在能力结构方面包括操作能力、学习能力、组织管理能力、表达能力和创新能力，应以成熟的技术和规范为基础，掌握某种职业岗位的职业技能、技艺和运用方法。同时应具有应用知识进行技术创新和技术的二次开发的能力、科学研究能力。对于应用型人才的培养，一定要突出能力的培养。

第四，提高素质。应用型本科人才未来属于中高级层次的人才，应具有良好的专业素质和非专业素养，诸如责任心、心理素质、意志品质、身体条件等。对应用型人才的培养不仅要注重理论知识和实践能力，还需要加强素质培养。

第五，注重创新。创新是企业发展的原动力，作为一名大学生需要有一定的创新能力，企业更需要有创新能力的新鲜血液来促进企业发展。

二、应用型人才课程体系设计

根据社会发展需求和学生实际，培养面向生产、建设、管理、服务一线的应用型本科人才。结合机械类专业特点，根据学生的基础条件、特点和个性发展的需要，把社会需要作为人才培养的出发点和落脚点，切实结合学生实际，紧紧围绕高素质应用型人才培养目标。机械设计制造及其自动化专业课程体系的构建主要分为两个方面：理论教学课程体系和实践教学课程体系。

（一）理论课程教学体系的构建

公共基础课程旨在提高学生人文、身心素质和科学素养，培养学生的价值判断能力，训练学生的科学思维，提高学生的人际沟通与表达能力。分为这几大模块：工程基础类（含高等数学、线性代数、概率论与数理统计等课程）、体育类、基础外语类、计算机基础类（含计算机基础、C语言程序设计等课程）、思政类（含思想道德修养与法律基础、中国近代史、毛泽东思想与社会主义理论体系、马克思主义基本原理等课程）。

学科大类基础课程是各专业学生学习本学科（专业）知识的基础，应具有明显的学科基础性和先导性，使学生掌握学科基本知识、基本理论和基本技能，为专业课程的学习奠定坚实的基础。主要分为三大模块：机械类（含机械制图、机械设计、机械原理等课程）、电子类（含电工技术、电子技术等课程）、力学类（含理论力学、材料力学等课程）。

专业基础课程是为反映专业特点和人才培养目标而设置的课程，结合机械类专业特点主要分为三大模块：机械设计类（含CAD技术应用、公差与测量技术等课程）、机械制造类（含机械制造基础、CAM技术应用等课程）、液压气动类（含液压与气动技术、控制工程基础等课程）。

机械设计制造及其自动化专业根据学生发展、学科发展和社会发展的实际需要，灵活设置两个专业方向模块课程，限定学生必须从中选择一个方向进行学习。目前开设了机械制造和机电控制两个专业方向。

专业任选课程是根据学分制培养目标要求，为学生开设的专业选修课程，旨在提高学生在课程中的选择性，扩大学生的知识范围，完善学生的智能结构。主要分为三大模块：管理类、制造类（含先进制造技术、特种加工技术、逆向工程技术等课程）、控制类（含单片机原理及应用、机电一体化技术、机器人技术等课程）。

（二）实践课程教学体系的构建

课程实验属于基础实践，随理论课程教学同步开展，目前根据理论课程体系分为公共基础课课程实验、学科大类基础课课程实验、专业基础课课程实验、专业方向（限选）课课程实验、专业任选课课程实验。

课程设计是根据机械类课程的教学基本要求，把相关机械类课程的知识点联系起来，加强机械或机电设计方案的基本训练和设计方法的基本训练。主要分为机械设计课程设计、机电综合课程设计。

实习实训按照"能力为本，知行合一"的要求，根据细化的专业能力培养目标与要求，设定合理的集中实践环节加以训练和强化。注重校内与校外相结合、统一训练和自主训练相结合，积极推动"基于问题、基于项目、基于案例"等的实习实训方法，提高实践效果。目前分为金工实习、认识实习、数控实习、生产实习。

毕业（论文）设计是高等学校本科生教学计划的重要组成部分，是理论与实践相结合，教学与科研、生产相结合的过程，是本科生必不可少的教学阶段，是对学生进行综合素质教育的重要途径。它有着任何课堂教学或教学实习所不可替代的功能，因而在培养应用型人才过程中有着特殊地位。

创新创业实践充分利用课外时间开展第二课堂活动，给学生更多自主参与实践的机会。课外实践活动的形式多种多样，有社会实践、社团活动、学科竞赛、各类知识竞赛、科技活动创造发明、科技创作、专业课题设计、小制作、小论文、微视频、专题研讨会、辩论会、演讲比赛等，结合自身特点适当安排。设置创新学分，鼓励学生积极参与各种课外科研活动，并计入学分，此学分可以替换实践学分。

通过构建机械设计制造及其自动化专业课程体系，贯彻"重视基础、加强实践、突出能力、提高素质、注重创新"的教育教学理念，重视教学建设、教学改革和人才培养质量，以创新求发展，以质量求生存，努力为国家和地区培养具有创新精神和实践能力的高素质应用型本科专门人才。[1]

第三节　职业本科创新实践平台搭建

机械制造业是我国重要的基础行业，机械类专业是职教专业目录中的大类。随着信息社会的到来，制造业中知识—技术—产品的更新周期越来越短，高职教学作为教育体系中与生产实践联系最为密切的教育类型，必须适应制造业的发展，不断更新培养方式和知识体系。

以往的实验室建设大多是为某一个专业的教学目标而建立的，如同样是拆装实训，机制专业有工夹具的拆装，模具专业有模具、模架的拆装，机电

[1]　侯伟.基于应用型本科人才的机械类课程体系构建[J].科技展望，2015（10）：277+279.

设备专业有柴油机的拆装等，结果是实验设施重复、设备利用率低、学生见识不广。现根据教学平台建设的思路将其有机组合、合理优化，统一在机械专业综合实验室下，拆装的工具也统一购买和管理，使机制专业学生除了了解夹具，也能了解模具结构，模具专业的学生也能知道组合夹具，极大地丰富了教学内容，开阔了学生视野。

图4-3所示是机械类实践教学基地，为机械类所有专业提供实践教学平台。

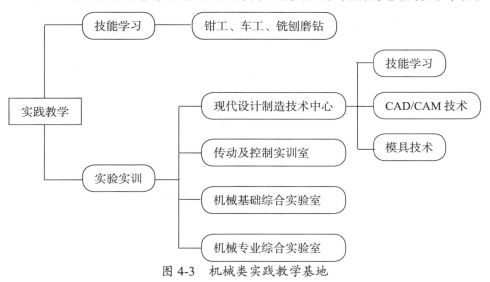

图 4-3　机械类实践教学基地

在此实践教学平台的基础上，提出明确的、可操作的培养目标。这里所说的培养目标，更确切地说是一年一个指标，比如机制专业在实践动手能力上，可以设计为第一年通过拆装测绘、车工、钳工等手段，利用图中的技能实习和机械基础综合实验室，要求学生做出一个零件（或工具）；第二年通过课程设计和相关的实践环节，利用图中的机械基础、机械专业综合实验室，修缮（或制作或制造）一个部件（含几个零件，有装配关系或运动关系）；第三年通过毕业设计或相关专业课程的实践专用周，利用现代设计制造技术中心、传动及控制实训室、机械专业综合实验室，制造或修缮完成一小型机器或机构，要求有机、电的基本结构，完成后能实际应用，能吸引学生的兴趣，如电动工具。有了这样的实践教学平台，各专业都能设计类似上述机制专业这样的可操作培养目标。[1]

---

[1]　来建良 . 机械类高职教学平台建设研究 [J]. 机械职业教育，2002（5）：10-11.

第五章 职业本科机械类课程体系的构建

第一节 教学团队创建与发展

教学团队是学校师资队伍建设的重要环节，是实施质量工程的重要举措。肩负服务区域经济和社会发展，培养面向生产、建设、服务和管理第一线的高技能人才责任的高职院校，必须以就业为导向，加强校企合作，推进专业建设，加快课程改革，推行工学结合，其关键就是要建设教学质量高、结构合理、互相协作的专业教学团队。

一、高职院校专业教学团队的内涵与特征

对职业教育师资的发展，国际社会普遍认可的是双师型的发展模式，即不仅具备普通教师的基本职业素养，同时也具备职业精神、素质道德和技术技能。双师型发展策略是职业教育师资队伍发展过程中的内涵体现。双师型教师是素质教育背景下产生的一个重要发展目标。教师在教学过程中，不仅要掌握各种基本的理论知识，还要有一定的实践教学能力；教师不仅要能够从事专业的教学活动，同时也能够从事相关的实践活动，能够对学生进行实践教学；对教学过程中存在的各种问题，能够积极发现并且解决它；能够通过扎实的基础知识和教学中的实践特点，培养个人的职业道德和职业精神，形成教师队伍的发展内涵。

二、高职机械设计与制造专业教学团队建设的方法与途径

（一）密切校企合作，保证专业教学团队职业性和开放性

校企合作、工学结合是高职教育人才培养模式改革的切入点。高职院校必须加强与企业的联系，密切与企业的合作，赢得企业的支持是建设专业教学团队的基础。

（二）成立专业建设指导委员会，为专业建设特别是专业教学团队的建设提供帮助

为使专业建设主动、灵活地适应社会需求，更有效地为地方经济发展服务，我院由校外机械行业专家、领导、能工巧匠与本校专业教师组成专业建设指导委员会，对本专业改革和建设，特别是团队建设起指导和咨询作用。

（三）合理有效的人员配置，形成专兼结合的双师型专业教学团队

首先，培养优秀的专业带头人。专业教学团队建设的首要工作是培养和引进高水平的专业带头人。专业带头人是团队的引导者、组织者、推动者，是团队建设的核心和凝聚剂。加大专业带头人的培养力度，针对机械设计与制造专业，从机械制造专业群中选拔专业理论扎实、学术水平过硬、组织协调能力较强、有丰富教学经验和较强科研能力的骨干教师作为专业带头人，到行业企业进行挂职锻炼，丰富他们的企业实践经验，掌握行业技术最新动态。

其次，合理配置团队成员形成"双师教学团队"。团队成员中既有校内专任教师，又有来自行业企业的专业人才和能工巧匠作为兼职教师，形成教师个体的"双师素质"及专业团队整体的"双师结构"。团队成员技能互补，在知识结构、年龄结构、职称结构、学科结构上趋于合理，整体上形成强势。专业教师执教优秀、教研教改能力强、专业技术水平高，通过与企业进行机械方面的技术开发和服务，积累职业技能和实践经验，强化企业工作经历，团队组织兼职教师进行教育培训，获得高职教学技能。

第二节　高职本科衔接课程体系的构建

推进国家制造强国战略，促进产业转型发展，给从业者提出了更高的职业素质要求。当前全球职业人员结构及素质与产业升级创新要求不协调的矛盾日益显现，人才培养目标与市场需求不相适应，严重影响了经济发展中产业优化升级。因此，高职本科衔接是职业教育发展的必然趋势，课程衔接是实现高职本科衔接教育的重点。我国实施高职本科衔接教育模式以来，从实践经验出发，注重质量的内涵式发展，从培养技能型人才逐步向培养技术技能型人才转变，与本科教育实现自然融合，满足经济社会发展对不同层次、不同规格人才的需求，满足社会对应用型高级技术技能型人才的需要。

高职本科衔接构建现代职业教育一体化课程设置体系，以职业能力培养为导向，突出实践技能训练，课程设置避免重复，理论知识遵循"必需、够用"的原则，适度设置基础课程、实践课程、专业课程。

一、一体化课程体系构建思路

基于实践导向理论够用应用型高级人才培养体系如图 5-1 所示。依据职业导向，进行课程的整体设计，分段实施。一体化人才培养体系分为五个模块：高职阶段为公共基础模块、专业基础模块、职业能力模块、能力拓展模块和机加技师学徒制；本科阶段为综合素养提升模块、专业课程模块、职业能力提升模块、双导师制模块和工艺工程师学徒制。五个模块相互联系、相互作用，高职阶段加强一体化课程体系理论培养，达到一体化课程体系中理论知识"必需、够用"，技能方面突出特色、培养创新意识；本科阶段激活高职阶段相关知识与技能，促进学生养成创新学习习惯，引导学生围绕工程问题开展相应知识点学习，运用所学知识和经验完成任务。

二、理论教学课程体系设计

突出实践技能训练，课程设置避免重复的要求，理论知识遵循"必需、够用"的原则，围绕技术技能主线构建课程体系。公共基础模块以本科公共基础模块为依据进行构建，弱化理论推导，强化理论应用；专业基础模块中保留高职教育中的"机械基础"课程，为职业能力模块提供理论支撑，其他专业基础课程以本科专业基础和专业核心课程构建为依据，如"现代工程图学""理论力学""材料力学""机械原理""机械设计""公差及测量技术"等。课程内容与本科教学内容区别进行，遵循理论"必需、够用"的原则，课程中弱化理论推导，强化理论知识应用和实践原理解释。专业课程模块突出职业性，以理实一体化教学为主，如"数控机床维护"课程全部在实训中心进行，以工程中存在的问题设计案例式教学和问题导向式教学。

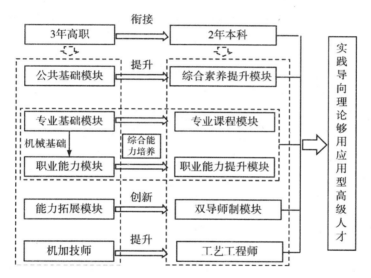

图 5-1　实践导向理论够用应用型高级人才培养体系

三、实践教学课程体系设计

围绕学生职业发展目标，注重学生职业能力、创新能力和职业技术技能的培养，形成三个实践课程模块，即职业能力模块、能力拓展模块和现代学徒制模块。职业能力模块根据岗位需求，中职阶段在学校锻炼学生机械加工技能，本科阶段锻炼学生加工工艺技能和高精密加工检测技能；能力拓展模块以校级、省级、国家级各类大赛为引领，校内双导师制培养学生创新思维和工程应用能力；现代学徒制模块实现工学交替，到企业进行实践，高职阶段到企业进行机械加工技师学徒实践，本科阶段到企业进行工艺工程师学徒实践。三个模块实行分阶段轮换教学，实现工学交替，学以致用。[1]

第三节　综合性实践教学体系的改革

机械专业教育正向着技术应用复合型人才培养的趋势发展，学生不仅需要有坚实的专业理论知识，同时需要加强实践方面的训练，巩固基础知识的理解，培养德、智、体、美等方面全面发展，具有与本专业未来工作岗位相适应的职业素质和职业道德，较强的学习能力和创新意识，具备精操作、会维修、懂管理、知工艺的能力，能够胜任机械制造工艺编制与现场实施、机械加工工装计算机辅助设计与制造、机械设备安装、调试能力，以及数控机床操作与编程能力。实践训练是提高学生综合素质与能力的重要途径。但是长期以来，我国教育重理论、轻实践，企业内部技术性岗位人才缺乏，技术创新型人才更为匮乏。随着我国改革的日益深化和开放的不断扩大，社会急需生产、建设、治理和服务等一线的技术应用型人才。因此，培养学生动手能力和创新能力，开展实践性教学意义重大。

一、构建科学、合理的实践教学体系

高职院校重在体现高职教育，根据培养技术应用型人才目标的要求，以综合素质和技术应用能力培养为主线，在理论方面强调以实用为目的，以必需、够用为度，在专业方面突出针对性、应用性和实用性，打破多年来形成的基础课、专业基础课、专业课"老三段"的传统教学模式。对理论教学体系进行整体优化改革，建立与专业培养目标相适应的实践教学体系。因此，在制订教学计划时应根据社会需求，从培养技术应用复合型的人才培养思想出发，从有利于培养学生的创新意识、工程意识、工程实践能力、社会实践能力出发，发挥实验、实习、课程设计、顶岗实习和课外科技活动等实践性教学环

---

[1]　丁颂，巢陈思.机械专业高职本科衔接课程体系构建研究 [J].长春师范大学学报，2018（6）：165-167.

节在总体培养目标中的作用，根据市场需求及机械行业特点，以"立足岗位，注重素质，突出应用，强化实践，培养能力，产学合作"为指导思想，形成宽基础、活模块的新型教学运行机制，使学院机制专业具有明显的高职教育特色。

二、优化高职机械类专业实践教学内容

按照模块化课程的开发思路，以专业核心能力为依据，按实际工作过程确定课程主线，突出综合运用知识的鲜明特色。经过市场调研、培养模式改革、课程开发三个阶段，完成"岗位工作任务→行动领域→学习情境"三个转换，实现从学科课程结构到模块式项目课程体系的改革。

按照理论课程体系和实践教学体系有机结合原则，以职业能力为核心，初步形成了理论与实践相融合的、以工作过程为导向的模块化课程结构，将专业课程体系分为若干个学习模块，各模块学习紧密围绕工作过程实际案例进行，以项目产品作为考核的主要依据，着重考查学生的动手操作和解决问题的能力。采用以能力培养为目标，以项目为主线，将知识融入项目教学中，实现学生在"例中学、做中学、评中学"的教学目的。专业核心课程建设依托四平隆百州机电科技有限公司及收割机械有限公司所生产的产品，与企业共同开发课程和教材。

三、实施全方位的工程实践活动

全面系统安排实践性教学环节，就是在每个学期均安排不同的实践教学环节，保证工程实践训练大学期间不间断。在实验教学方面，减少验证性实验，更新实验内容，有计划地开设设计型、综合型、创新型实验项目，充分调动学生的自主性，挖掘他们的思维潜能。实习作为培养学生的实践环节，是各高等院校的必修课，它对学生素质的培养和对学生进行机械制造装备和工艺教育起到了十分重要的作用，尤其是对数控机床等现代设备的操作和编程能力的培养、先进制造工艺的熟悉。因此应该把工作的重点放到理论与实践的结合上，让学生通过更多的生产实践设计环节，建立课程设计系列，加大综合设计力度，鼓励改革课程设计的教学内容，注重学生综合能力的培养。

第一，采用先进的教学手段，改善传统的教学模式。教师应改变传统的

授课方式，积极利用 Internet 网、电子阅览室、多媒体教室、CAI 课件室等先进设备来开发实践性教学，调动学生的积极性，锻炼和培养学生的独立操作能力，强化技能练习。形成过程以动画形式直观体现出来，以提高教学的起点和授课信息量，提高教学质量。

第二，探索工学结合的教育模式，把单一的培养模式改变成灵活多样的培养模式。工学结合是一种将校内学习和校外工作相结合的一种教育模式，通过与本地区企业联合建立实习基地或将学生送到企业进行实践锻炼，利用在校外进行实践工作的机会，加强学习过程中的理论与实践的联系，提高学生解决实际问题的能力，为学生广泛接触社会、积累工作经验、毕业后顺利就业提供机会。

第三，校企联合、产学结合是本专业培养高等技术应用型人才的根本途径。以大中型企业为依托，建立多个校外实习基地，打破封闭式的课堂教学模式，实现"请进来，走出去"。一是聘请有丰富实践经验的工程技术专家到学校为学生讲课，指导实习和设计、参加教学考核等。二是让企业参与培养计划的制订和修订，使培养计划更切合实际，反映企业对人才素质和能力的需求。三是让学生和教师走向企业，加强工程和科研的锻炼。实行产学研一体化办学，通过科技服务和生产实践加强专业建设。产学研作为一种人才培养模式，教学是根本，产业是基础，科研是动力。

四、建立灵活、机动的考核模式

推行职业资格证书制度是实现培训、实训与考试三位一体的考核模式。根据高职高专培养人才的需要，对机械类专业的学生进行严格的理论实践考核，绝大部分学生都能获得劳动部颁发的"职业技术等级"证书。现在，进行专业技能培训、获取职业资格证书已经形成一种制度，要求每个学生既要取得毕业证，还要获取职业技术等级证。机械专业要求毕业生必须获得下列职业资格证之一：① CAD 技能等级（一级以上）职业技能；②工艺编制及机械产品设计职业技能；③数控车或数控铣中级以上职业技能；④计算机辅助设计与制造软件 CAD/CAM 职业技能；⑤普通车工或铣工中级以上职业技能。

在考核内容上，由传统的以"知识考核"为主、"能力考核"为辅，改革为目前的以"能力考核"为主、"知识考核"为辅。在考核时间上，由传统的以"期终考试"为主，改革为目前的以"过程考核"为主。在考核方法上，由传统的以"试卷考试"为主，改革为目前的"工学结合"，以"项目作业"为主；由传统的以"任课教师和学校考试"为主，改革为目前的以"学生自测、学校和社会共同考评"为主。在考核结果上，理论考核和实践考核相结合。[1]

第四节 "以赛促学"融入课程建设

在传统教学理念影响下，机械设计基础课程教学课堂氛围枯燥无趣，导致学生学习兴趣低迷。为了改善这一教学现状，教师对传统课堂教学模式加以创新，大力调动学生的学习积极性，"以赛促进"是一条可提高学生学习兴趣的好方法，经多次尝试，取得了一定成效。以下从高职机械设计基础以赛促教教学实践开展的意义、高职机械设计基础课程教学现状研究、"以赛促进"的机械设计基础课程教学模式构建策略三方面进行阐述。

一、高职机械设计基础开展"以赛促教"教学实践的意义

（一）教师方面

在高职机械设计基础课程教学中运用以赛促教模式不仅可对教师发挥作用，同时还有利于学生学习技能水平的提高，具有一定实践意义。技能大赛的举行对教师来说是一个很好的锻炼机会。

对高职院校课堂教学采取以赛促教的教学方式可帮助参赛教师理解更多专业知识，提高教师实践能力，构建"双师型"教师队伍，更新教学理念，提高教学水平。

随着科学技术的发展，知识更新速度日益提高，在这种发展局势下教材内容滞后性越来越显著，如若教师不及时更新知识技能，便无法顺应时代的发展趋势。例如，电子产品装配所需元器件已不再是直插式，而是贴片式，且对焊接技能提出较高要求，通过技能竞赛活动的开展为教师学习新知识提

[1] 吕英兰.高职机械专业实践教学体系改革的探索与研究[J].中国成人教育，2011（3）：120-121.

供了一个有效平台。

职业院校与普通高中不同，不仅需对学生进行理论讲述，同时还需为教师补充更多技能知识。大部分职业院校教师都很年轻，尽管具有丰富理论知识，但实践技能相对缺乏，通过开展技能竞赛可进一步提高教师实践能力，促进"双师型"教师队伍的形成。

（二）学生方面

通过以赛促教教学模式，可帮助学生掌握更多理论知识与操作技能，其比赛内容主要涉及机械设计基础知识，对学生的综合能力要求极高。利用技能竞赛活动可激发学生的比赛积极性，从而达到教学目的。

二、"以赛促教"的机械设计基础课程教学模式构建策略

综上所述，笔者对高职院校机械设计基础课程教学现状进行了研究，从中发现了诸多问题，为改善这一现状，高职院校应将"以赛促进"教学模式应用其中，下面将从多个方面阐述"以赛促教"教学模式的构建。

（一）构建各级技能竞赛组织形式

为促进"以赛促教"教学模式的有效运用，首先应建立技能竞赛组织形式，可分为课堂小组赛、企业赞助赛、各级机械设计创新大赛等。

1. 课堂小组赛

在课堂小组赛中，教师可采取项目教学模式，合理引导学生得出项目结果，并将其作为竞赛内容。竞赛可在项目小组间开展，也可在个人之间开展，将"分层教学"理念有效落实，充分激发学生潜能。

2. 企业赞助赛

此外，高职院校还可举办由企业冠名赞助的技能竞赛，对设计需求一一简化，通过这种方式来吸引学生进行思考，从而制定问题解决对策。经实践研究发现，企业赞助赛的实施不仅可提高学生学习积极性，同时还可提升企业的认可度与知名度，实现校企双赢。

3. 各级机械设计创新大赛

另外，高职院校还可组织优秀选手参加全国、省级、市级创新大赛，通过这种竞赛方式可使学生的综合能力得到提升。

4. 建立激励和保障机制

为确保"以赛促教"教学模式作用更好地发挥，高职院校还应建立激励和保障机制，在保障教学活动有序开展的同时组织赛前训练。近几年我国陆续出台了《技能竞赛参赛选手学分管理办法》《技能竞赛指导教师课时管理办法》等制度，通过这些措施对参赛选手进行学分奖励、课时奖励。

（二）加强对高职院校教师的培训与管理

提高学生全面发展、培养学生综合素质，是教师的首要任务。教师的言行举止都在影响学生，而提高教师的职业素养是培养学生在高职机械设计基础课程教学中的教育素养和职业能力前提条件。很多学校从事机械设计基础课程教学的教师在职业素养方面并没有达标，学校针对这些方面，应该积极改善。可以对教师进行一些培训，提高教师的职业素养，从而提高教育教学的水平和效率。

在高职高专院校素质课程教学当中，职业院校还需加大对教师的培训与管理力度，定期组织有效的培训活动，大力提升教师自身素质和水平。另外，教师还应树立终身教育理念，将相关理念运用到素质拓展训练当中去，加强师生的有效沟通，形成和谐师生关系，为高职教育素质拓展课程的实施奠定重要基础。[1]

第五节　校企合作机制及其实施

我国机械工业已经达到了先进水平，对机械类的专业人才需求量越来越大。高职院校是培养机械类专业人才的主要基地，近年来，校企合作已经成为高职院校的主要教学方法之一，这种方法有利于增加学生的实践经验，提高学生的动手能力。高职院校机械专业要想可持续发展下去，就必须实行校企合作的机制。

---

[1] 陈群. 高职机械设计基础以赛促学的教学实践探讨 [J]. 创新创业理论研究与实践，2018（6）：37-38.

一、高职机械专业校企合作机制的构成

首先，建立以政府为主导的机制，只有这样才能为校企合作提供良好的合作环境。其次，建立利益平衡机制，只有这样才能够为校企合作的可持续发展提供保障。最后，完善约束机制，只有在有约束的环境中校企合作机制才能健康地运营。

二、高职机械专业校企合作机制的实施路径

（一）制定完善的法律、法规

政府是校企合作的服务者，也是引导者，只有制定合理的法律法规，才能确保校企合作的顺利实施。现在政府已经出台了相应的法律法规，确立"工学结合，校企合作"作为高职院校主要教学途径。以政府手段，让企业明确其对高职学校职业教育的责任和义务，为校企合作的进一步发展提供了有效保障。但是，政府还要进一步地完善校企合作的措施和法规，为校企合作提供更多保障。

（二）转变传统的合作观念

在传统的校企合作中，学校为了学生操作实践，积极寻找企业进行合作。由于政府规定，企业无法拒绝，企业处于被动的状态。为了实现校企合作的深度发展，必须改变这种传统的合作模式，学校要从双方的共同利益出发，尽量实现双方的共赢，让企业看到校企合作对企业的好处，激发校企合作的内部活力，建立市场化的内部利益合作机制，这样才能保障校企合作的可持续发展。

（三）搭建合作的平台

现在大多数校企合作都是学校单方面联系企业，以"点"的形式存在的校企合作模式，这样的合作模式会制约校企合作的深度发展。所以必须进行机制创新，通过学校和企业的双向选择，进行学校与企业的深度对话，构建高职院校与机械企业的对话平台——职教集团，实现校企合作的全面对接。

总而言之，高职机械专业要想实行好校企合作机制，必须有政府的支持和鼓励，制定平等有效的校企合作制度、健全的评价体系和适度的惩戒条款对学生进行约束。同时，学校要转变观念，汲取校企合作的实践经验，不断创新出更合理、有效的合作模式，细化、完善机械专业校企合作的评价标准，不断地对机械专业校企合作机制进行优化，使高职院校机械专业校企合作得到更深入、有效的发展。[1]

---

[1] 冯小庭 . 论高职机械专业校企合作机制及其实施路径 [J]. 现代职业教育，2016（4）：102.

第六章 多维背景下职业本科机械类专业课程体系的构建

第一节 基于 CDIO 理念职业本科机械类专业课程体系的构建

一、CDIO 理念下的课程组织原则

为了保证最初确定的课程计划的内容和培养目标的实现，关键就是要为课程计划确定恰当、合理的组织形式。CDIO 理念强调工程实践的真实背景环境，强调工程链条下的生命周期活动，这就使一体化课程设计不仅要实现知识、能力和素质培养的一体化，技术要素和非技术要素培养的一体化，而且要实现理论知识之间相互支撑。鉴于此，笔者认为 CDIO 理念下一体化课程设计的组织原则主要体现在以下两个方面：

第一，总体设计的组织原则。课程计划的总体设计主要是为了解决如何将培养目标、理论知识内容和实践环节整合进课程计划中的问题。依照 CDIO 愿景和 CDIO 教学大纲确定的目标价值取向，CDIO 理念下的课程计划选择是整合度最大的一体化课程模型，这种课程模型以相互支撑的理论知识为经，一系列的能力或项目环节为纬，经纬交织将两者有机地编织起来，实现了理论与实践的结合，以及知识、能力和态度培养的有机融合。

第二，课程计划内容次序的组织原则。课程计划内容次序也就是学生学习的进度安排，主要涉及学科课程内容和能力教学内容两方面的次序安排。学科课程内容的进度安排可以建立在以往完善的学科内容次序的基础之上，而能力教学内容次序则很难明确，可以在课程计划的具体设计过程中形成。

二、基于 CDIO 理念机械设计制造及其自动化专业本科课程体系模型

（一）课程体系模型重构

本研究借鉴 CDIO 整体理念及一体化课程设计思路，提出了我国机械设计制造及其自动化专业本科课程体系模型，如图 6-1 所示。

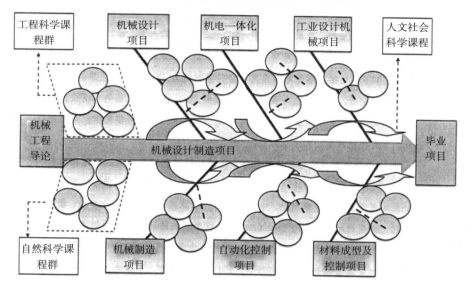

图 6-1　基于 CDIO 理念的机械设计制造及其自动化专业本科课程体系模型

课程体系模型中从左到右表示课程或项目的时间进度安排，从下到上表示同时开展的课程。其中实线表示二级项目的主线，虚线表示三级项目实施，圆圈代表课程群中的课程，带箭头的飘带代表人文社会科学类课程。

整个课程体系模型清楚地显示了机械设计制造及其自动化专业课程结构和课程组织形式，形成以系统化的三级 CDIO 项目为主线，与理论教学紧密编织，并围绕主题内容组织课程群，形成理论教学与实践教学相结合，知识、能力和素质培养相融合，理论知识之间相互支撑的一体化课程体系。具体说来体现在以下两方面：

1.CDIO 项目为主线

课程体系模型中系统化的三级项目包括提供 CDIO 全过程经验的一级项目、联系课程群的二级项目，以及课程群内两门课程之间或单一课程学习过

程中的三级项目。

（1）一级项目可以提供完整的 CDIO 经验，重构的课程体系模型中包含三个一级项目，第一个是机械专业导论性课程，它综合了力学、电学、材料学等专业基础课程，为学生提供机械设计制造及其自动化专业入门经验学习，使其掌握一定程度的专业相关概念，初步接触 CDIO 全过程的实践经验，并了解工程师应具备的职业态度和职业素养，激发学生学习机械工程专业的兴趣。第二个是以毕业设计或实习的形式出现的毕业环节项目，该项目安排在第四学年，要求学生利用所学的理论知识（包括工程管理和人文社会科学知识），完成对一个项目的构思、设计、实施和运行，培养学生系统的工程思维和 CDIO 能力。第三个一级项目是机械设计制造项目，要求完整衔接地贯穿于整个教学阶段，根据相关专业课程进度安排，分阶段分步骤培养学生的 CDIO 能力。

（2）二级项目是学期项目，它贯穿于围绕主题内容进行组织的课程群的学习过程中，并以课程群为基础，支撑课程计划中一级项目的开展。项目的开展与项目联系的课程群学习同步进行，一般持续一个学期或者两个学期，最终目的是强化课程群所涉及的专业领域知识，最终学生能够顺利完成该领域涉及的工程实践活动，实现个人、人际交往能力和系统构建能力的提升。

本课程体系模型包含六个二级项目，即机械设计项目、机械制造项目、自动控制项目、机电一体化项目，以及工业设计机械项目和材料成型及控制项目两个学科交叉项目，分别以机械设计课程群、机械制造课程群、自动控制课程群、机电一体化课程群、工业设计机械课程群和材料成型及控制课程群为基础支撑。当然，本课程体系模型中的二级项目仅仅是作为个人建议，每个高校可以根据自身的专业发展定位和特色，设置其他主题内容的二级项目。

（3）三级项目属于课程群内两门课程之间或者单门课程内的小规模设计实践活动，它根据每门课程自身的内容和特点进行安排，其目的就是为了强化学生对课程理论知识的理解，并提高学生的理论知识应用于实践的能力，推动和支撑二级项目的开展。

2. 围绕主题内容组织的课程群

在课程组织方面，为了支撑和方便二级项目的实施，将机械设计制造及其自动化专业的课程按照不同的主题内容进行组织。每个主题针对机械设计制造及其自动化专业的某一领域，主题内容学习持续一个学期或者是两个学期。主题内容的课程群学习与二级学期项目同时进行，实现与主题相关的理论知识的学习和实践能力的培养的双重效果。同时，课程按照主题内容进行组织，实现了理论知识之间的有机联系，避免了相互割裂的学科不利于建立学生对工程问题的认知的问题。

基于 CDIO 理念的机械设计制造及其自动化专业本科课程体系模型中包括 8 个按照主题内容组织的课程群，即工程科学课程群、自然科学课程群、机械设计领域课程群、机械制造领域课程群、机电一体化课程群、自动控制课程群、工业设计机械课程群和材料成型及控制课程群。其中，自然科学课程群和工程科学课程群包含了数学、物理、化学、生物等自然科学课程和理论力学、流体力学、材料力学、电工学、工程材料学、计算机科学等专业基础类课程，无二级项目主线的支持，整个课程群是按照原有的理论知识逻辑关系进行组织。其他的课程群不仅包含与该主题相关的专业基础课程和专业课程，还包括一部分人文社科类课程。课程体系模型中人文社会科学类课程沿着一级项目展开，分布在不同的课程群中断续相连，为一级项目和二级项目提供支撑专业领域工程活动顺利完成所必需的职业态度、工程管理能力、人文素养等。所以课程群学习的目标就是完成主题内容涉及的专业领域课程、专业基础课程公共基础课程的学习，支撑 CDIO 项目特别是二级项目的开展。其课程形式包括必修课程和选修课程两种。

（二）课程结构要素设计

基于我国机械设计制造及其自动化专业本科教育中存在着工程实践不足，过于重视专业课程的学习，忽视学生个性的培养，人文社科类课程占比例较低等问题的现实，在 CDIO 理念的指导下，我国机械设计制造及其自动化专业本科课程结构要素设置时应该坚持以下原则：

理论教学与工程实践训练相结合的原则。课程体系设计时强调工程实践，增加实践环节比例，并不意味着科学理论不重要，而是要在理论知识的基础上，回归工程的实践本质，培养的学生既要有扎实的科学理论知识，又要有在真实环境背景中解决实际工程问题的能力。

重视厚重的专业基础理论知识的原则。CDIO 模式注重深厚的工程技术基础知识学习，课程计划设计要重视基础科学和工程科学课程，设置适当的比例，为专业课程学习提供必要和系统的基础知识，但是同时还要保证为工程人才培养提供必要的专业知识和专业技能训练。

技术要素和非技术要素相结合的原则。课程计划不仅要为工程人才的培养提供必要的技术教育，还应该重视社会、政治、经济、文化、艺术等非技术教育，提高学生的人文素养和职业素养，培养其国际化视野和可持续发展理念，使其成为德才兼备的现代工程师。

强化创新、注重学生个性培养的原则。课程计划中应保持适当比例的选修课程，使学生能够根据自己的兴趣爱好选择相关的课程学习，促进学生个性和创新能力的培养。

在以上原则指导下，结合 CDIO 模式下课程设置的具体安排，本研究给出了我国机械设计制造及其自动化专业本科课程结构中各模块课程学分占总学分的比例（见表 6-1）。学分比例分配的建议如下：理论课程学分占总学分比例约 55%，实践课程学分占总学分比例约 45%，必修课程学分占总学分比例约 45%，选修课程学分占总学分比例约 55%，专业课程学分占总学分比例约 25%，科学课程占总学分比例约 40%，人文社科类课程学分占总学分比例约 35%。

本研究建议的我国机械设计制造及其自动化专业本科课程结构中各模块课程学分比例是基于 CDIO 理念，针对我国机械设计制造及其自动化专业本科教育中存在的不足和问题提出的，具有一定的原则性，实际是指明了课程体系改革的方向，各高校可根据自身的定位和特点在参考时进行取舍。

表 6-1　我国机械设计制造及其自动化专业本科课程结构要素设计

课程类型	学分占总学分比例
理论课程	55%
实践课程	45%
必修课程	45%
选修课程	55%
专业课程	25%
科学课程	40%
人文社科类课程	35%

总体来说，CDIO 理念下我国机械设计制造及其自动化专业本科课程体系的特点就是在遵循学生对工程问题的认知规律和学科知识之间的逻辑关系基础上，围绕主题内容实施模块化的课程群组合，并以 CDIO 项目为主线，贯穿于理论教学过程中，形成了课程体系中理论知识的有机联系和相互支撑的关系，实现了理论教学和实践教学的有机融合、知识学习过程和能力培养过程的有机结合。[1]

第二节　面向工业 4.0 需求的职业本科机械类专业课程体系构建

在经历过全球金融危机之后，各国意识到制造业乃是立国之本，纷纷制订发展先进制造业的国家战略计划。我国也结合国情建立了中国版的"工业 4.0"战略计划——"中国制造 2025 计划"[2]。

做强制造业的基础和关键在人才。为配合国家层面的发展战略，迎接制造全球化竞争的挑战，培养符合工业 4.0 需求的机械制造行业人才是摆在高等院校面前的急迫任务。

随着信息技术在机械制造行业的不断渗透，我国机械制造专业课程体系也在不断变化。

目前已基本符合自动化制造（工业 3.0）的需求，但对工业 4.0 的前瞻性仍然不够，许多工业 4.0 的核心内容在课程设置中未充分体现。

本节将从工业 4.0 的技术内涵及对人才知识和能力的需求着手，梳理国内知名高校的机械制造类课程体系，分析目前培养计划的不足，并探讨面向工业 4.0 的机械制造本科教育课程体系的构建。

一、工业 4.0 的技术内涵及对人才的需求

工业 4.0 是在德国高度发达的制造业、雄厚的工业软硬件系统及高素质的

[1]　张英.基于 CDIO 理念我国机械设计制造及其自动化专业本科课程体系研究 [D]. 杭州：浙江大学，2014.

[2]　延建林，孔德婧.解析"工业互联网"与"工业 4.0"及其对中国制造业发展的启示 [J]. 中国工程科学，2015（7）：141-144.

劳动者的基础上，将制造"由集中式控制向分散式增强型控制的基本模式转变，目标是建立一个高度灵活的个性化和数字化的产品与服务的生产模式"，并通过信息世界与物理世界的高度融合，以及三项集成（纵向集成、端对端集成、横向集成），实现一种智能化的、社会化的生产模式。[1]

工业 4.0 首先要求底层的制造单元高度自动化，并具备一定的智能；其次尤其强调网络技术的全面渗透，特别是建立物理信息系统（CPS，Cyber-PhysicalSystems)，实现制造过程的实时感知、高效协作，从而达到制造资源的高效调配；同时制造企业的边缘将更加的模糊，具备很高柔性的小型企业将构成制造业的主体，它们通过"互联网＋"的方式相互协作，满足多变灵活的市场需求。

工业 4.0 实施的前提是具备高素质的劳动者。工业 4.0 时代的机械制造从业者除了需要具备传统的机械制造专业知识外，还需具备如下知识和能力：

第一，网络技术及互联网思维。工业 4.0 所强调的 CPS 依赖工业总线、互联网、物联网等多个层次和类型的网络，因此，熟悉网络技术是工业 4.0 时代制造行业从业人员的基本要求。除了网络本身技术层面的知识外，更为重要的是强调互联网思维，自觉地将网络技术应用于制造的各个环节。

第二，先进的管理方法和技术手段。工业 4.0 的技术支持和目前国内"大众创业、万众创新"的经济发展趋势将造就更多的小微企业。一方面，小微企业中技术与管理人员往往兼于一身，要求人人懂管理。另一方面，企业间广泛的横向集成，也对企业的管理提出更高的挑战。因此，工业 4.0 时代，从业者管理知识广度和深度都显得更为重要。先进的管理理念总是要通过信息管理和分析平台落地实现，因此，ERP、大数据等信息管理和处理手段是提升企业管理水平的有力工具。

第三，系统集成能力。工业 4.0 通过万物互联、信息相通，使得处于制造活动中的设备、物料、人员构成一个复杂的强耦合系统。处于制造系统中的各种技术、设备、物料资源、人员配置等要素需要通过有机的集成，才能使总体制造系统发挥最大效能。

---

[1]　朱铎先，胡虎 . 工业 4.0：错过互联网革命的大国反思 [N]. 人民邮电，2015-06-29（5）.

二、现有机械制造类本科生课程体系分析

通过对清华大学（2014—2015版，代号Q）、上海交通大学（2015级，代号S）、浙江大学（2014级，代号ZJ）、华中科技大学（2014版，代号H）及中南大学（2012版，代号ZN）机械制造方向本科生培养计划的调研，发现现有课程体系可划分为如下板块：

第一，传统机械制造类课程：包括机械制造工艺学或机械制造基础、互换性与技术测量、制造装备设计、材料加工原理等机械制造专业的基本知识，基本所有院校都有开设。

第二，先进制造技术类课程：代表性课程包括激光加工概论（Q）、精密与特种加工（Q、ZN、H）、先进制造技术（H、ZH）、微纳制造导论（Q）等。

第三，制造自动化类课程：代表性课程包括数控技术（H、ZN）、自动化制造系统（ZJ）、计算机辅助制造或数控编程（H、ZN）、机器人学（Q、S），以讲解数控技术、自动化控制、机器人原理与应用为主。

第四，管理及信息化类课程：代表性课程包括生产计划与控制（S）、质量管理与控制（ZJ)、制造自动化与信息化系统（S）、制造过程信息管理系统（Q）等。

第五，特殊行业制造类课程：讲解特定专业的制造工艺和装备，如现代汽车制造（S）、柔性电子制造技术基础（H）等。

通过上述梳理，对比工业4.0的人才需求，发现仍存在一些问题：①网络技术几乎是空白，虽然有的院校在其他课程中略有提及，但作为工业4.0制造系统中的神经系统，显然对计算机网络、物联网技术重视程度不够；②管理方法与技术手段仍是短板，虽然有院校开设了相关专业，但存在前后续课程承接不当、课时不足的问题；③强调局部单体技术，在系统集成方面不足。

三、面向工业4.0需求的机械制造WJ4Z本科教学课程体系构建

从工业4.0的技术内涵及人才的要求出发，结合现有课程体系，提出WJ4Z课程体系结构，如图6-2所示。

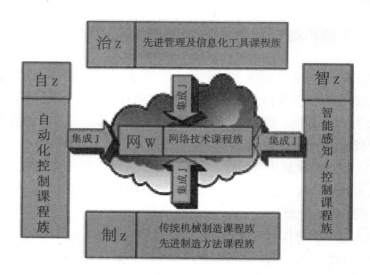

图 6-2   机械制造 WJ4Z 本科教学课程体系

在该课程体系中，制造（Z）课程、自动控制（Z）课程、智能感知及控制（Z）课程、管理（治理，Z）课程构成 4Z 单元技术课程模块。4Z 通过网络（W）技术，采用系统论的方法有效集成（J）。制造（Z）课程是基础，包括传统冷、热加工工艺与装备，以及新兴的制造原理和方法；自动控制（Z）课程包括计算机控制、数控原理等；智能感知及控制（Z）课程包括机器视觉、人工智能、大数据处理等；管理（治理，Z）课程包括制造企业管理方法及信息化辅助手段；网络（W）技术课程包括工业网络、物联网、互联网思维等内容；集成（J）是贯穿于各模块教学中的总体系统方法论。

WJ4Z 课程体系与现有体系的主要区别如下：

第一，把原来处于边缘地带的网络技术放在与制造类、自动化类等课程同等重要的位置，突出其在制造中的重要性。

第二，加强智能感知与控制技术的教学内容，推动以自动化为代表的工业 3.0 人才培养向以智能化为代表的工业 4.0 人才培养发展。

第三，进一步明确管理方法与信息技术在机械制造类学生的知识体系中的重要地位，为培养复合型人才奠定基础。

第四，强调集成，突出总体观。

四、实施 WJ4Z 课程体系的注意事项

首先，由于总的学时数有限，需要做到有增有减，内容编排上保留基本和核心内容，一些特别专业化的内容可适当削减或改为自学。

其次，体系内的管理、智能感知、网络等教学模块应与相关专业内容、教学方法不同，应突出机械制造的行业背景，不宜全面摊开，以免造成内容太多，重点不收敛。

最后，由于新增网络、智能感知等内容要与计算机科学专业有所不同，因此要加强特色教材编写工作，同时也要加强教师的自身知识体系的完善。

国家发展，人才先行。培养满足工业 4.0 发展需求的机械制造行业人才是"中国制造 2025"顺利推进的重要保障。由于课程体系从计划到实施具有一定的滞后性，因此，本研究前瞻性地从工业 4.0 的技术内涵出发，总结了工业 4.0 时代机械制造行业的人员需求，针对性地提出 WJ4Z 课程体系，以期为我国高校机械制造类专业的培养计划修订提供一定的参考。[1]

第三节　智能制造背景下职业本科机械制造专业课程体系的构建

随着科技创新不断驱动智能制造快速发展，制造业呈现出更多新形态，如产品日趋个性化和更加智能互联，研发、制造手段复杂化、多样化和网络化等。[2] 因此，智能制造将逐步淘汰低端重复劳动，进而将需要更智能的劳动力。劳动力质量的提升成为智能制造发展的有效基础和保障。

当前，在我国制造强国战略加速推进的大背景下，智能制造方面的人才需求日趋增长，但环顾国内的高等院校，智能制造应用方面的专业很少或刚刚起步，人才的培养远远不能满足当前的供求关系。因此，应用型本科机械设计制造及其自动化专业面向智能制造方向应用型人才培养已成为专业发展

[1]　韩奉林，严宏志．面向工业 4.0 需求的机械制造类本科教育课程体系探讨 [J]．中国教育技术装备，2016（2）：84-85+89.

[2]　郜阳．解码智能制造应用型人才：高学历、多元能力、综合素质卓越 [EB/OL].[2018 — 03 — 06].http：//newsxmwb.xin-min.cn/kechuang/2018/03/06/31365834.html.

的主要趋向，怎样培养适时、适用的人才成为高等教育机械专业人才培养的首要问题。

劳动力的智能化提升需要教育的多元化、更多关注全生命周期的学习和聚焦思维能力的升级等。这对大学教育提出了更高的要求，既要满足学生个性化需求，又要适应产业的快速变化，还要保证基本的办学质量，同时要考虑学生毕业后的持续发展和教育。这不仅需要专业有清晰的顶层设计，而且在宏观上需要有制度和管理上的支持，更重要的是微观上专业需要有恰当、合理、实用的人才培养的课程体系来支撑。因此，面向智能制造课程体系的重构或升级成为当前培养产业需求人才素质与能力的基础保障和核心环节。

目前，国内高校智能制造人才培养处于初级阶段，顶层设计思路不是很清晰，存在课程设置结构混乱、与智能制造关联度不够或应用性不强、智能制造实践配备不足等问题，且多数学校在设置智能制造课程体系之前，对区域人才需求缺乏深刻的调查研究，造成培养的人才不符合岗位需求。

在这种背景下，构建以交叉复合为导向，以智能制造实际运行、维护与管理能力培养为特色的课程体系，探讨其改革思路与方法，是当前应用型本科机械设计制造专业的首要任务。

一、课程体系构建的基本理念与思路

传统教育理念认为，传授知识是教学的主要任务，课程设置应以学科为中心，以一门学科的基础知识和基本技能为核心。然而随着社会的进步和科技的发展，其弊端日益凸显：①课程设置的三段式模式忽视了学生整体素质的提高，不利于交叉复合型人才的培养；②高校课程多分为人文基础课程和专业课程两大类，未能实现专业课程与思政的融合，忽视了科学精神的培养；③重视必修而忽视选修课程的不合理比例，不利于学生个性化培养；④我国高校教学中存在重理论轻技艺、重思辨轻实践的倾向，直接影响了学生动手能力的培养。[1]

当前面向智能制造应用型本科机械专业人才培养的课程体系的建设要从以下方面着手：①必须打破旧观念，重新认识课程内涵，加深对课程的理解，

[1] 马立新，宋广元，刘云利.地方院校如何构建创新性应用型人才培养课程体系[J].中国高等教育，2017（24）：34—35.

促进课程功能的良好有效发挥；②开展充分的调研，总结当前国内外高校的新型教学理念，并进行科学借鉴，确立符合国家制造战略需求的、充分体现智能制造应用能力培养的课程设置架构和内涵，以及与之相匹配的教学模式；③专业课程体系建设过程中要合理布局，形成理论与实践相交融、传统与前沿相配合、学科与学科相复合[1]、学校与企业相联合的贯通大学四年的专业课程体系，体现课程的智能制造特色，拔高课程的综合应用水平，提高机械专业面向智能制造应用型人才培养的质量和效益。

具体来说，主要内容如下：

首先，对面向智能制造的机械类专业人才的利益相关方（用人单位、教师、毕业生、家长以及在校生），对人才培养需求的知识、能力、素质要求进行充分的调研，并梳理和分析搜集的数据，明确培养目标。

其次，根据人才培养方案的培养目标与人才培养规格确定课程的范围、设置数量、种类。

最后，围绕面向智能制造应用型机械类人才培养规格，以"中国制造2025"为指引，以 OBE 为理念，以"工程认证标准"和"本科专业教学质量国家标准"为依据，对原有的课程体系进行重构，以加强知识的适用性，加强对学生实践动手能力、交叉复合能力和信息化素质的培养，有效拓展课程的教学时间与空间，把课堂教学和实践教学拓展到课外、校内、校外自主学习和实践活动中，使专业人才培养规格从知识结构、能力结构和素质结构全方位具备智能制造应用人才特质，每一个方面都应具有相应的课程设置为保证，每一门课程的设置都应能支撑相应的知识、能力和素质目标。

二、课程体系框架的设置

美国学院和大学协会 AACU 近期的一项职业调查研究表明，对毕业生来说，企业最看重的是学生的人文教育和丰富的知识面、学生的跨专业能力、学生的应用技能和创新能力。因此，课程的实施应从四个方面展开：一是基于所确立的智能制造人才培养规格灵活设置课程，促进学生知识的复合应用能力全面提升，即提升应用技能和创新能力；二是基于学生个性化的发展需求，

[1]　杜彦斌，杜力.智能制造与服务特色学科专业群建设思路探讨[J].中国现代教育装备，2018（5）：23—25.

重构课程体系结构，加大前沿技术及跨学科选修课开设的深度和广度，凝练课程教学内容，实现课程模块化，促进教学团队形成与教学模式的变革，使培养的学生既具有突出的专业特色又具有鲜明的个性特点；三是基于智能制造交叉复合人才培养的要求，建立健全校内学分认定机制，打通学生以目标为导向的跨专业学习，有利于学生个性化的培养；四是以实践动手能力培养为导向，开展虚实结合的实践教学模式，强化对智能制造控制系统及产线生产实际的整体认知和具体运维操作实践。

如图 6-3 所示，构建了学生在校 4 年以 4 个大类课程群、18 个模块课程组为支撑的面向智能制造应用型本科机械专业的课程体系，其既体现了知识渐进的特点，又具有交叉复合的特性，同时以校企合作模式强化了理论与实际的联系，不仅有利于学生理论知识的升华和实践水平的提升，也为学生素质与能力的全面协调发展提供了有力保障。

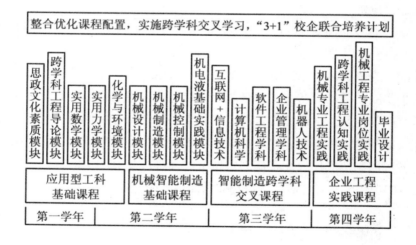

图 6-3　面向智能制造的机械专业课程体系

三、课程教学内容的改革

教学内容革新是课程体系建设的核心之一。

第一，要根据学校定位和专业人才培养目标，依据学科与专业的发展规划对教学内容进行去旧添新，并且形成动态的更新机制；同时要求教师紧紧把握学科与专业发展的前沿动态,加强对学科与专业的科学研究、教学改革与创新问题的研究,形成科研、教研与教学相结合、相促进的良好态势。

第二,为凸显专业的应用型人才培养目标,从课程设置和教学上加强应用型教学内容,减少普通理论教学内容,加强教学应用研究,减少理论设计型教学,加强与企业等合作的应用实践教学,减少普通验证性实践教学,加强服务区域经济的教学改革,减少贪大求全的教学取向。

第三,进行内容的统筹融合与内涵建设,既注重紧跟社会需求专业知识的综合化发展,又满足信息技术给人带来的个性化和碎片化需求,培养学生建立在宽厚知识面上的系统应用思维和创新能力。

四、课程教学方法革新与实施路线

开展探讨启发式、项目聚焦与拓展相融合的教学方法为一体的、多媒体参与的、多渠道(线上与线下、虚拟与现实、校内与校外、校内实践与企业实践等)并举的混合教学模式,充分利用信息化媒介作用,充分发挥校企合作能效,充分体现课堂的引领效果,促进学生主动思考、勤于动手和勇于创新素质的提升。教学方法与内容实施路线如图 6-4 所示,构建了以理论与实践相联系、课上与课下相辅助、经典与前沿相搭配、虚拟与现实相结合的、重视过程的课程教学实施策略,突出了以学生为中心、以教师为主导的教学理念,形成了以兴趣为基、以实践为干、以创新为果逐层递进的人才培养模式。[1]

---

[1] 王国平,刘吉轩,程爽,尚雪梅,门静,张琛. 智能制造背景下应用型本科机械制造专业课程体系构建策略研究 [J]. 机械设计与制造工程,2021(1):121-123.

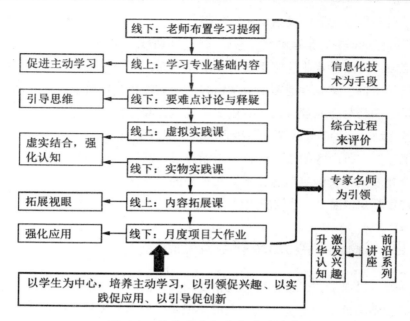

图 6-4 教学方法与内容实施路线

参考文献

[1] 高奇. 职业教育原理 [M]. 北京：光明日报出版社，2019.

[2] 李树陈. 现代职业教育理论研究 [M]. 长春：吉林人民出版社，2020.

[3] 李承先. 高等职业教育新论 [M]. 北京：中国书籍出版社，2018.

[4] 宁莹莹. 现代职业教育理论与实践探索 [M]. 长春：吉林人民出版社，2021.

[5] 王红军. 机械类专业人才培养研究 [M]. 北京：北京航空航天大学出版社，2019.

[6] 刘来泉. 世界技术与职业教育纵览 [M]. 北京：高等教育出版社，2002.

[7] 马克思. 资本论：第一卷 [M]. 北京：人民出版社，1975.

[8] 马克思，恩格斯. 马克思恩格斯选集：卷三 [M]. 北京：人民出版社，1972.

[9] 刘向杰. 高等职业教育现代化创新路径研究 [J]. 教育与职业，2016（24）：8-11.

[10] 国庆. 德国和美国大学发达史 [M]. 北京：人民教育出版社，1998.

[11] 江文雄. 技术及职业教育概论 [M]. 台北：师大书苑发行，2006.

[12] 石伟平. 职业教育原理 [M]. 上海：上海教育出版社，2007.

[13] 顾建军，邓宏宝. 职业教育名著导读 [M]. 北京：教育科学出版社，2015.

[14][美] 约翰·S. 布鲁贝克. 高等教育哲学 [M]. 王承绪，郑继伟，张维平，等，译. 杭州：浙江教育出版社，2002.

[15] 王凌皓，侯素芳，陈坚. 外国教育名著导读 [M]. 北京：教育科学出版社，2016.

[16][德] 费力克斯·劳耐尔，赵志群，吉利.职业能力与职业能力测评：KOMET 理论基础与方案 [M].北京：清华大学出版社，2012.

[17] 郑晓松.技术与合理化：哈贝马斯技术哲学研究 [M].济南：齐鲁出版社，2007.

[18] 徐国庆.实践导向职业教育课程研究：技术学范式 [M].上海：上海教育出版社，2008.

[19] 张楚廷.高等教育学导论 [M].北京：高等教育出版社，2010.

[20] 瓦尔特·吕埃格.欧洲大学史（第四卷)[M].贺国庆，等，译.保定：河北大学出版社，2019.

[21] 李南珠.基因及其相关问题的研究 [M].沈阳：辽宁大学出版社，2008.

[22] 亚瑟·科恩.美国高等教育通史 [M].李子江，译.北京：北京大学出版社，2019.

[23] 纽曼.大学的理想 [M].徐辉，译.杭州：浙江教育出版社，2001.

[24] 安东尼·史密斯，等.后现代大学来临？ [M].侯定凯，赵叶珠，译.北京：北京大学出版社，2010.

[25] 雅斯贝尔斯.大学之理念 [M].邱立波，译.上海：上海人民出版社，2007.

[26] 安德鲁·阿伯特.职业系统:论专业技能的劳动分工 [M].李荣山，译.北京：商务印书馆，2016.

[27] 菲利克斯·劳耐尔，鲁伯特·麦克林.国际职业教育科学研究手册（下册)[M].赵志群，等，译.北京：北京师范大学出版社，2017.

[28] 弗莱克斯纳.现代大学论 [M].徐辉，等，译.杭州:浙江教育出版社，2001.

[29] 克拉克·克尔.大学之用（第五版)[M].高铦，等，译.北京：北京大学出版社，2019.

[30] 李曼丽，林小英.后工业时代的通识教育实践：以北京大学和香港中文大学为例 [M].北京：民族出版社，2003.

[31] 马振铎. 世界大学学位制的来历与演变 [J]. 学位与研究生教育, 2006（5）：22.

[32] 袁云霞, 走近职教信息化 [J]. 中国职业技术教育, 2001（6）：31-32.

[33] 江颖, 史其慧, 周立军. 我国设立本科职业教育学位的思考 [J]. 西北成人教育学院学报, 2021（3）：19-23.

[34] 温伯颖, 尹虹宇. 本科层次职业教育人才培养的现状调研：以江西省14所本科职业教育院校为例 [J]. 职教论坛, 2020（4）：131-137.

[35] 李霄鹏. 英国或推行两年制的本科学制 [J]. 世界教育信息, 2018（24）：73-74.

[36] 王育民. 职业与职业道德 [J]. 社会学研究, 1994（1）：74-79.

[37] 戴腾辉, 董永亮. 我国经济增长与产业结构转型过程中的区域性差异：基于东、中、西部地区数据的定量比较 [J]. 现代管理科学, 2016（9）：48-50.

[38] 倪卫红, 董敏, 胡汉辉. 对区域性高新技术产业集聚规律的理论分析 [J]. 中国软科学, 2003（11）：140-144.

[39] 程广文, 孙晓敏. 本科职业教育：概念、属性及实践策略 [J]. 泉州师范学院学报, 2022（3）：92-98.

[40] 程舒通, 徐从富. 本科层次职业教育的价值、困境和策略 [J]. 成人教育, 2022（6）：63-64.

[41] 姜大源. 为什么强调职教是一种教育类型 [N]. 光明日报, 2019-03-12（13）.

[42] 梁健. 本科层次职业教育人文教育探析 [J]. 宁波职业技术学院学报, 2022（3）：16-19.

[43] 张诗亚. 论大学的基因 [J]. 当代教育与文化, 2016（3）：1-9.

[44] 侯长林. 本科层次职业教育："谁来办"和"怎么办" [N]. 中国青年报, 2020-06-29（6）.

[45] 王寒松. 文化传承创新：大学职能的新丰富新发展 [J]. 中国高等教育, 2011（11）：6-7.

[46] 冯振业, 杨鹤. 对大学的第四职能：国际文化交流与合作的一些理解

[J]. 国家教育行政学院学报，2003（6）：61-66.

[47] 王洪才. 大学"新三大职能"说的缘起与意蕴 [J]. 厦门大学学报（哲学社会科学版），2010（4）：5-12.

[48] 章仁彪. 走出"象牙塔"之后：大学的功能与责任 [J]. 中国高教研究，2008（1）：16-18.

[49] 王冀生. 大学是一种文化和精神的存在 [J]. 杭州师范大学学报（社会科学版），2010（3）：117-120.

[50] 程水源. 大学功能的再研判与发展 [J]. 国家教育行政学院学报，2020（2）：26-32.

[51] 王蓉. 建立新型大学—社区伙伴关系：来自美国服务—学习的启示 [J]. 当代青年研究，2020（4）：116-121.

[52] 李媛，赵小段. 国外职业院校服务社区：现状、经验与启示 [J]. 成人教育，2016（5）：88-91.

[53] 安德烈·沃尔特，李超. 从职业教育到学术教育？德国关于"学术化"的辩论 [J]. 北京大学教育评论，2018（2）：63-76+188.

[54] 邓小华. 论职业本科院校的职能定位 [J]. 中国职业技术教育，2021（30）：5-12.

[55] 陈向明. 从北大元培计划看通识教育与专业教育的关系 [J]. 北京大学教育评论，2006（3）：71-85+190.

[56] 周光礼. 论高等教育的适切性：通识教育与专业教育的分歧与融合研究 [J]. 高等工程教育研究，2015（2）：62-69.

[57] 倪淑萍. 高职院校通识教育与专业教育融合发展探索 [J]. 教育学术月刊，2021（5）：107-111.

[58] 爱因斯坦. 爱因斯坦文集：第 3 卷 [M]. 许良英，等编译. 北京：商务印书馆，1979：310.

[59] 薛茂云. 本科层次职业教育办学主体的比较及选择 [J]. 职教论坛，2021（10）：38-45.

[60] 吴三萍，林宇虹. 应用型本科高校通识教育与专业教育融合发展探索

[J].中国成人教育，2020（16）：58-61.

[61] 姜彩丽.论高校通识教育与专业教育之融合 [J].黑龙江教育（高教研究与评估），2012（8）：47-48.

[62] 杨晓玲.应用型院校通识教育与专业教育融合的实践探索 [J].教育与职业，2017（24）：101-104.

[63] 章锐.通识教育与专业教育：高等教育发展的实践博弈 [J].中国成人教育，2017（5）：26-29.

[64] 刘菊青.大学通识教育与专业教育的融合发展研究 [J].教育探索，2015（10）：64-67.

[65] 李晓艳，刘正发.本科层次高等职业教育中通识教育的问题、原因及对策 [J].教育与职业，2015（10）：51-53.

[66] 杨晓玲.社会转型期高校通识教育与专业教育融合研究 [J].中国成人教育，2017（2）：47-49.

[67] 郭丽君，廖思敏.通专融合：本科层次职业教育发展的路径选择 [J].职业技术教育，2022（16）：59-64.

[68] 阚明坤，武婧新.《民促法》背景下民办职业院校发展现状、瓶颈及对策 [J].中国职业技术教育，2020（28）：50-56.

[69] 张建平.兰州新区职教发展再添新动能 [N].兰州日报，2020-08-12（R10）.

[70] 林霞虹.普通中小学要开展职业启蒙教育 [N].广州日报，2019-12-11（A24）.

[71] 崔琳.协作式研究生培养与高校社会服务路径研究 [J].江苏高教，2020（12）：64-68.

[72] 何谐，吴叶林，崔延强.高等职业教育学位本质审视及其体系构建 [J].学位与研究生教育，2017（11）：61-66.

[73] 梁国胜.实施"双高计划"舞起发展龙头 [N].中国青年报，2019-04-15（6）.

[74] 连晓庆，吴全全.本科层次职业教育学位探索：现实诉求、秉持原则

与考量维度 [J]. 职教论坛，2021（5）：12-17.

[75] 陈晓虎."应用型本科教育"：内涵解析及其人才培养体系建构 [J]. 江苏高教，2008（1）：86-88.

[76] 王明伦. 发展高职本科须解决好三个关键问题 [J]. 职业技术教育，2013（34）：12-15.

[77] 张宝臣，祝成林. 高职本科发展的关键是专业人才培养目标及课程设置 [J]. 职业技术教育，2014（6）：50-53.

[78] 方泽强. 本科层次职业教育的人才培养目标及现实问题 [J]. 职业技术教育，2019（34）：6-11.

[79] 刘晓，申屠丽群. 应用技术型本科教育：内涵、特征与趋向 [J]. 江苏高教，2015（4）：64-66.

[80] 史秋衡，王爱萍. 应用型本科教育的基本特征 [J]. 教育发展研究，2008（21）：34-37.

[81] 伍先福，陈攀. 职业本科教育的内涵及其办学主体 [J]. 四川教育学院学报，2011（9）：16-19.

[82] 张元宝，沈宗根. 本科职业教育视角下的应用型人才培养 [J]. 教育与职业，2018（13）：57-62.

[83] 吴学敏. 开展本科层次职业教育"变"与"不变"的辩证思考 [J]. 中国职业技术教育，2020（25）：5-13.

[84] 韦文联. 能力本位教育视域下的应用型本科人才培养研究 [J]. 江苏高教，2017（2）：44-48.

[85] 张海宁. 德国应用技术大学办学对我国本科职业教育发展的启示：以德国卡尔斯鲁厄应用技术大学为例 [J]. 中国职业技术教育，2020（3）：49-53.

[86] 杨德山. 高职院校人文教育的缺失与回归 [J]. 中国职业技术教育，2019（22）：89-92.

[87] 殷红卫，胡朴."本科职业教育"的发展路径：基于"本科职业教育"和"应用型本科教育"的对比分析 [J]. 江苏高职教育，2020（4）：1-6.

[88] 苏学满，孙丽丽."中国制造 2025"背景下制造业人才的新需求 [J].

科教文汇（中旬刊），2016（2）：64-65.

[89] 冯利. "中国制造2025" 背景下的机械类专业人才培养目标再思考 [J]. 江苏科技信息，2018（4）：46-48.

[90] 刘小虎. 地方本科高校人才培养目标转型的探讨：以新余学院机械设计制造及其自动化专业为例 [J]. 新余学院学报，2015（2）：69-71.

[91] 许龙. "中国制造2025" 背景下高职学生职业核心能力培养研究：以长沙职业技术学院机械类专业为例 [D]. 长沙：湖南师范大学，2018.

[92] 欧阳琼芳. 职业本科教育视角下的独立学院人才培养模式改革探析 [J]. 柳州职业技术学院学报，2019（5）：47-50.

[93] 胡黄卿. 高职机械工程专业核心课程建设的探索 [J]. 中国冶金教育，2008（3）：35-38.

[94] 侯伟. 基于应用型本科人才的机械类课程体系构建 [J]. 科技展望，2015（10）：277+279.

[95] 来建良. 机械类高职教学平台建设研究 [J]. 机械职业教育，2002（5）：10-11.

[96] 许勇平. 高职机械设计与制造专业教学团队建设与探讨 [J]. 学周刊（A），2011（7）：6.

[97] 丁颂，巢陈思. 机械专业高职本科衔接课程体系构建研究 [J]. 长春师范大学学报，2018（6）：165-167.

[98] 吕英兰. 高职机械专业实践教学体系改革的探索与研究 [J]. 中国成人教育，2011（3）：120-121.

[99] 陈群. 高职机械设计基础以赛促学的教学实践探讨 [J]. 创新创业理论研究与实践，2018（6）：37-38.

[100] 冯小庭. 论高职机械专业校企合作机制及其实施路径 [J]. 现代职业教育，2016（4）：102.

[101] 张英. 基于CDIO理念我国机械设计制造及其自动化专业本科课程体系研究 [D]. 杭州：浙江大学，2014.

[102] 延建林，孔德婧. 解析 "工业互联网" 与 "工业4.0" 及其对中国制

造业发展的启示 [J]. 中国工程科学，2015（7）：141-144.

[103] 朱铎先，胡虎. 工业 4.0：错过互联网革命的大国反思 [N]. 人民邮电，2015-06-29（5）.

[104] 韩奉林，严宏志. 面向工业 4.0 需求的机械制造类本科教育课程体系探讨 [J]. 中国教育技术装备，2016（2）：84-85+89.

[105] 马立新，宋广元，刘云利. 地方院校如何构建创新性应用型人才培养课程体系 [J]. 中国高等教育，2017（24）：34-35.

[106] 杜彦斌，杜力. 智能制造与服务特色学科专业群建设思路探讨 [J]. 中国现代教育装备，2018（5）：23-25.

[107] 王国平，刘吉轩，程爽，尚雪梅，门静，张琛. 智能制造背景下应用型本科机械制造专业课程体系构建策略研究 [J]. 机械设计与制造工程，2021（1）：121-123.